科技发展与治理前沿论丛

人工智能治理框架与实施路径

梁 正 薛 澜 张 辉 曾 雄 著

U0162355

中国科学技术出版社
·北 京·

图书在版编目（CIP）数据

人工智能治理框架与实施路径 / 梁正等著 . –– 北京：
中国科学技术出版社，2023.11
（科技发展与治理前沿论丛）
ISBN 978-7-5236-0343-7

Ⅰ.①人… Ⅱ.①梁… Ⅲ.①人工智能－研究 Ⅳ.
① TP18

中国国家版本馆 CIP 数据核字（2023）第 223135 号

策划编辑	王晓义
责任编辑	付晓鑫
封面设计	锋尚设计
正文设计	中文天地
责任校对	吕传新
责任印制	徐　飞

出　　版	中国科学技术出版社
发　　行	中国科学技术出版社有限公司发行部
地　　址	北京市海淀区中关村南大街 16 号
邮　　编	100081
发行电话	010-62173865
传　　真	010-62173081
网　　址	http://www.cspbooks.com.cn

开　　本	720mm×1000mm　1/16
字　　数	212 千字
印　　张	12.75
版　　次	2023 年 11 月第 1 版
印　　次	2023 年 11 月第 1 次印刷
印　　刷	北京荣泰印刷有限公司
书　　号	ISBN 978-7-5236-0343-7 / TP · 461
定　　价	69.00 元

"人工智能治理框架与实施路径"
课题组

课题委托单位　中国科学技术协会

课题承担单位　清华大学（科技发展与治理研究中心）

课题负责人　梁　正

课题组成员　薛　澜　张　辉　曾　雄　余　振

　　　　　　　包堉含　陈婧嫣　唐宏博　庞桢敬

　　　　　　　李　瑞　李佳钰　殷明曦　闫馨禾

总序：
为科技向善划定"红线"和"底线"

辜胜阻

当前，以人工智能、量子信息科学、大数据、基因编辑技术等为代表的全球新一轮科技革命不断演进。科技是经济发展的利器，但也可能成为风险的源头，导致规则冲突、隐私泄露、社会风险、网络安全等全球性科技治理和科技伦理新问题与新挑战。该书系以"科技发展与治理前沿"为主题，无疑具有重要的现实意义和理论意义。

习近平总书记指出，"科学技术具有世界性、时代性，是人类共同的财富""要深度参与全球科技治理，贡献中国智慧，塑造科技向善的文化理念，让科技更好增进人类福祉，让中国科技为推动构建人类命运共同体作出更大贡献"。当前，人类社会正面临严峻的气候变化、环境污染、公共卫生、粮食安全、能源转型、资源短缺，以及贫困等问题和挑战。应对挑战，要以合作代替对抗、以团结代替分裂、以包容代替排他、以新型全球化代替脱钩断链。科技合作对于应对全球问题至关重要。重大创新，任何单一国家都无法独自完成，很多科技成果都是在开放、交流、合作中培育，并通过应用迭代升级。应对挑战，必须实施全球全方位、多领域合作，共渡难关、共创未来，既要"减碳"，又要"减贫"，实现"两减"；既要科技赋能产业升级，实现倍增效应，又要提高劳动力参与率和稳定人口增长，实现"双加"；既要改革全球宏观经济金融治理体系，又要改变西方对中国的错误认知和定位，实现"两改"。中国的增长和发展对全球是机遇而非"威胁"，无论是"脱钩"（de-coupling），还是"去风险"（de-risking）都是基于国强必霸的"中国威胁论"的错误认知和定位。

面对"科技大爆炸"的现状，应对全球挑战，我们既要深度参与全球科技治理，在全球范围对科技创新治理进行协调与合作，让科技成果为更多国家和人民所及、所享、所用，又要打造具有全球吸引力的创新生态，让创新源泉充分涌流，登上全球科创发展的制高点。为此，要辩证处理好五方面的关系。一是处理好有为政府与有效市场的关系，统筹发挥好政府主导作用、市场决定性作用和科学共同体自治作用，构建以诚信和责任为基础的创新生态，充分激发全社会创新创业创造活力。二是处理好科技创新与制度创新"双轮驱动"的关系，在推进科技创新过程中，不仅要完善国家科技治理体系，也亟须加强国际对话和沟通交流，形成全球科技治理的共识。三是处理好发展与安全的关系。"发展"的最有力杠杆在科技创新，"安全"的最大痛点也在科技创新。科技安全是国家安全的核心要素，是指促进科学技术有序、自主、创新发展，开辟科技发展新领域新赛道，保护国家关键科技利益不受他国威胁。四是处理好涉及长远发展的"远虑"与"近忧"的关系。关键核心技术、"卡脖子"难题成为国内国际双循环互促共进的"燃眉之急"，必须特别重视。五是处理好"硬科技"与"软科学"的关系。人工智能，走过的是一条依靠软技术获得发展的道路。在看到芯片、光刻机等"硬科技"问题的同时，还要重视算法算力和操作系统等"软技术"的创新，打造"硬科技"与"软科学"相互促进、共生共进的新经济（包括数字经济和绿色产业）生态。

近年来，我们越来越切身地感受到新兴技术对人们日常生活的影响。以数字技术为中介，人与人之间越来越紧密地相互连接。通过对个人信息的采集与分析，我们所接受的服务也越来越精准。人工智能技术的突破，更是让我们的日常生活选择权日益交由机器智能去决定，或许，人—机共生、智能互联将成为我们未来生活的常态。合成生物学、基因编辑技术等生命科学的发展，也为许多疑难疾病的治疗提供了新的路径，并为人们对自己的身体进行有意图的"改造"提供了可能。在科技为人类造福的同时，科技所带来的伦理问题也日益频繁地涌现。人工智能失控的社会风险、大数据技术对人类隐私安全的侵犯、合成生物技术引发的流行病毒等，新兴技术所带来的伦理影响纷繁复杂，科技伦理治理难度空前。从一些基因编辑技术试验引发的伦理争议，到近年来新技术激起的知识产权争议，再到人们在数字生活中频繁遭遇的隐私泄露、算法歧视、信息茧房等，科技伦理的挑战与科技的进步繁荣如影随形。传统的科技伦理忽视了人类对自然的伦理关怀，这导致科技的发展在造福人类的同时，对生态环境造成严重破坏，对人类自身的生存和发展造成负面影响。这些事件及争议都在不断提醒我们，新兴技术作为一种结构性变革力量，要求政府构建一套敏捷、高效、可持续的新型治理体系。并且，考虑到新兴技术引发风险的全球化扩散，如何构建这样一套治理体系，划定科技向善的"红线""底线"和"高压线"，也是全人类面临的共同挑战。

我国在积极推进科技发展的同时，也在不断加强自身科技伦理治理体系的建设。2019年，我国组建了国家科技伦理委员会；2020年《中华人民共和国民法典》颁布，对人类基因、人体胚胎有关的医学和科研活动作出了明确规定；同年颁布的还有《中华人民共和国生物安全法》，确立了生物安全风险防控的基本制度。2022年3月20日，中共中央办公厅、国务院办公厅印发《关于加强科技伦理治理的意见》，对新时代我国科技伦理治理工作做出了全面、系统的部署，构筑了我国科技伦理治理体系的顶层设计。与此同时，我国也积极推动全球治理体系的完善，多次组织力量参加世界卫生组织的《卫生健康领域人工智能伦理与治理指南》、联合国教科文组织的《人工智能伦理问题建议书》等全球性文件的起草工作，致力于立足中国式治理经验，分享全球性科技伦理治理方案。

当然，中国科技伦理治理体系的完善还有很长的路要走，这需要学术界持续提供智力支持。2019年1月，中国科学技术协会与清华大学共同创建了清华大学科技发展与治理研究中心。《科技发展与治理前沿书系》作为研究中心的重要学术著作，致力于推动科技发展与治理领域的学术研究和实践进展。该书系收录了研究中心专家学者的最新研究成果，这些研究成果涵盖了自动驾驶、工业互联网、医疗健康、生物特征识别、类器官移植、合成生物学、基因编辑、太阳地球工程、碳地球工程等诸多科技及产业的前沿领域。研究中心的专家学者对上述新兴技术及产业实践所引发的伦理争议进行了深入的思考，主张应当秉持和谐友好、公平公正、包容共享、安全可控、共担责任、开放协作和敏捷治理的治理理念，通过多元主体的有效协同，综合运用伦理、法律、技术和自律规范等治理工具开展多维共治。这些理论构想无疑是极富洞见和启发的。

面向未来，应对重大科技治理和科技伦理的新挑战，一方面，要发挥好科技对于改善人民生活、增进人类福祉的积极作用；另一方面，科技发展过程中也会时有"黑天鹅"和"灰犀牛"事件出现，要增强预见性，安装好"护栏"，主动应对风险挑战，保障科技向善。我相信，学术界围绕科技伦理治理体系的探讨与反思，将为我国不断完善自身科技伦理治理体系建设提供前瞻指引，并贡献有益方案。未来，我也期待与各界同仁共同推动我国科技伦理治理体系的进一步完善，积极探索科技创新与治理的新模式和新机制，促进科技与社会、经济、环境等领域的协同发展。同时，我们也要培养更多有能力适应前沿科技发展与治理需求的创新人才，为未来科技创新发展注入新的活力与动力。让我们携手为促进全人类科学技术事业的健康发展贡献力量！

前　言

随着计算能力的迅速提升、数据规模的急剧扩张以及智能算法的不断突破，人工智能发展为全球所瞩目，被视为第四次工业革命的基石。作为通用技术，人工智能对人类社会生产力的影响可能远超前几次工业革命中的蒸汽机、电力、原子能和互联网。人工智能应用不仅极大提高了交通、医疗、金融、教育和制造等传统部门的生产效率，也提升了政府管理、公共安全、司法裁判、危机应对等多方面的现代化治理水平。据不完全统计，2013年后，全球已经有28个国家和地区发布了人工智能相关战略、规划或重大计划，以期在新一轮的科技革命中取得竞争优势。然而，自从2016年AlphaGo战胜人类棋手事件以来，人工智能技术在带来便利的同时，各种潜在风险也日益凸显。如何协调人工智能发展与治理之间的关系显得尤为迫切。当前，全球对人工智能在伦理、隐私、就业和安全等方面的影响争论不绝，甚至有著名科学家发出警告："人工智能有可能是人类最后的发明"。2018年10月，习近平总书记在中央政治局集体学习中强调，要加强人工智能发展的潜在风险研判和防范，维护人民利益和国家安全，确保人工智能安全、可靠、可控。要整合多学科力量，加强人工智能相关法律、伦理、社会问题研究，建立健全保障人工智能健康发展的法律法规、制度体系、伦理道德。

因此，人工智能治理自然而然地成为全球范围内备受关注的议题。在大力推动人工智能发展的同时，国际社会也开始更加强调人工智能伦理、负责任地发展人工智能和安全利用人工智能，寻求社会发展与风险控制的平衡。例如，欧盟于2019年4月发布了《人工智能伦理准则》；2019年在日本大阪召开的G20部长会议通过了《G20人工智能原则》，推动建立可信赖人工智能的国家政策和国际合作。中国也于2019年发布了《新一代人工智能治理原则——发展负责任的人工智能》，提出了和谐友好、公平公正、包容共享、尊重隐私、安全可控、共担责任、开放协作、敏捷治理八条治理原则。不仅如此，许多科技企业、非政府组织、行业协会等也都开始积极关注人工智能，并参与到人工智能治理的推进过程之中，提出了许多原则与建议。

然而，这些散落的原则及其形成的治理效能，还无法跟进人工智能的迅猛发展与广泛扩散。人工智能治理面临的挑战与问题愈发凸显。目前，国内外人工智能治理相关研究尚处于起步阶段，来自经济学、管理学、哲学、法学以及计算机等工程技术学科的学者都从各自领域进行了一定程度的探讨，但对于什么是人工智能治理、为什么进行治理以及如何治理等还没有形成体系化的成果与共识，从而在一定程度上影响了人工智能治理的推进实施。

伴随着人工智能的快速发展，人工智能治理的理论研究与治理实践也在如火如荼地进行。本书既是对近两年来人工智能治理理论研究的阶段性回顾，也是对近年来人工智能治理实践的阶段性总结。以此为基础，本书力图成为未来人工智能治理理论研究的新起点，也为人工智能下一步健康发展与治理提供决策支撑。

忆往昔，中国近现代一直处于追赶西方现代化的历史进程之中，虽然经历了诸多困难、限制和掣肘，但是，中国事实上处于一种相对成熟的现代科学技术环境中，有诸多的国外先进技术和治理经验可资借鉴。看今朝，在第四次工业革命背景下，中国在以人工智能为代表的技术创新和产业发展上，已经从之前的后进学习状态发展为与世界诸强处于并跑乃至部分超越的状态。与此同时，全球范围内，人工智能治理面临的最大挑战是没有一套比较成熟的体系来规制潜在的风险。这样就使得中国在推动人工智能发展的同时，必须同步探索建立人工智能治理与规制体系。

前三次工业革命催生的人类发展和社会进步历史，实际上也是人类展开新兴技术治理的历史进程。在面临新兴技术可能带来的巨大收益和潜在风险时，人类社会和民族国家需要平衡收益和风险之间的关系，在发展新兴技术的同时，高度关注治理问题。回顾历史，新兴技术治理体系的形成过程普遍经历了四个阶段：第一，核心驱动阶段，所有的新兴技术在初期都有知识的重大进步或技术上的关键创新，推动新产品的产生，从而形成核心驱动；第二，市场变革阶段，新技术的应用必须与市场应用不断交流互动，并拓展新的应用场景和新的需求，最终形成技术的应用领域和范式；第三，技术的社会认知适配阶段，社会公众对技术及其应用的收益或风险形成集体性的共同知识，从而对技术的发展与规制形成共同约定；第四，治理范式形成阶段，在社会认知构建的过程中，不同的治理模式也在逐渐形成，包括治理主体、路径选择、工具应用等。

与此前工业革命的各历史时期不同，当今中国身处正在发生的第四次工业革命的历史进程中，并且通过自身努力已经赶上了发明创新的头班车。中国人民正在通过科学发现、技术发明、产品创新创造历史，出现越来越多新兴技术的发明者与开发者，也出现越来越庞大的领先技术应用者、创新型企业和企业家。同时，中国还将逐步面临社会公众认知和技术治理范式等方面的机遇与挑战。从探索式治理、回应式治理、集中式治理，到当前敏捷式治理体系的建构与实践，中国的人工智能治理一路走来，既经历了新兴技术发展与规制脱节的"阵痛"，也收获了丰富多样的实践智慧和治理经验。及时全面总结不同阶段、不同行业的治理实践经验与智慧，积极推进人工智能治理的理论创新、管理创新、制度创新和社会创新，对于提高未来人工智能发展与治理水平，对于实现国家治理现代化均具有重要意义。

本书的目标在于回顾人工智能治理的研究与实践现状；界定人工智能治理的边界与知识图谱；选取典型技术和应用领域，基于人工智能不同技术特征、发展阶段、应用模式、参与主体、治理需求，从伦理规范、产业规制、市场监管、公共政策、法律法规、行业自律等多维视角，研究提出适应中国现阶段发展特点的人工智能治理框架与实施路径。

本书章节安排如下。第一章从理论上梳理人工智能的特征及其技术风险，分析了人工智能治理内涵，总结人工智能治理研究现状并提出未来研究展望。第二章从医疗健康、自动驾驶和工业互联网等三个人工智能领域，具体探索式分析了人工智能技术和应用场景特征及其治理问题。第三章从技术治理历史的角度出发，探析了传统技术治理扩展到人工智能领域的可能性，在理论分析的基础上勾勒了人工智能治理的可行性路径。第四章、第五章和第六章分别以人脸识别和自动驾驶领域的治理实践为例，深入剖析人工智能技术特征，识别不同场景下的风险与治理需求，比较各国治理实践，总结全球治理的经验启示。第七章分析了"大数据杀熟"行为定性与实现条件，针对其监管困境提出了可行的治理思路与应对政策。在理论分析和实践总结的基础上，第八章尝试提出了包含治理价值、治理对象、治理主体和治理工具在内的人工智能综合性治理框架，以及人工智能治理基本原则，构成要素相关的治理机制。第九章就人工智能治理的实施路径提出了对策建议。

全书写作分工如下。引言：薛澜、梁正、张辉。第一章：梁正、张辉、余振。第二章：包堉含、陈婧嫣、唐宏博。第三章：庞祯敬、薛澜、梁正。第四章：曾雄、梁正、张辉。第五章：曾雄、梁正、张辉。第六章：张辉、梁正。第七章：曾雄、梁正。第八章：张辉、余振、梁正。第九章：张辉、曾雄、梁正。

人工智能治理既是一个重大的理论问题，也具有重要的实践意义。人工智能治理体系框架的构建，涉及多元化价值、多样化主体、多样化场景，具有高度复杂性、动态演进性和鲜明的"跨界"特征。本书所做的工作，只是对相关问题的较为初步的探索，难免存在疏漏乃至偏误之处，我们的目的在于提出人工智能治理体系框架构建这一重要命题，并借此引起学术界、产业界、社会各界乃至决策部门对这一问题的关注与讨论，推动对相关问题的深入研究，进而提出可行的治理框架与治理路径，从而最终为人工智能健康发展与有效治理提供智力支撑。

最后，感谢中国科学技术协会对本书研究和出版工作的支持，感谢由江小涓教授担任首任主任的清华大学科技发展与治理研究中心对本书依托课题的产业调研与学术研究提供支持！本书在写作过程中也得到了清华大学人工智能国际治理研究院团队的支持，在此一并致谢！

目　录
CONTENTS

第一章
人工智能治理的内涵与研究现状

第一节　人工智能的特征与风险

对人工智能的本质、特征与风险的认识是探讨人工智能治理问题的基础。虽然人工智能这个术语已经在学术界、产业界、政府部门，以及社会公众中被广泛使用，但是给人工智能一个放之四海而皆准的定义仍然是非常大的挑战。从技术角度来看，人工智能不是某种单一技术，而是包含一系列技术（如语音识别与计算机视觉）与分支学科（如生物学与心理学）的概念组合，但是存在概念边界模糊不清的问题 ①。从发展水平看，人工智能可以分为弱人工智能和强人工智能。弱人工智能只能在一些具体的单项领域中表现出一定超出人类智能的水平。强人工智能则可以举一反三，具有通用的智能，但目前一般只有在科幻作品中才能看到。当前，我们所认识的人工智能，一般是指建立在现代算法（尤其是机器学习和深度学习）基础之上，以大量的历史数据或者已标识的数据为支撑，最终形成能够像人类一样甚至超越人类的感知、认知、决策、执行的人工程序或人工系统。

从广义上看，人工智能治理首先针对的就是人工智能的技术本身或者技术引致的不确定性或风险。现实生活中，人们所论及的人工智能治理往往关注技术风险。一般而言，不确定性是指实现某种目标时产生的人类无法预知的影响或效果，而这种影响或效果既可能为正也可能为负；风险通常则指不确定性影响中偏负面损失的那部分。风险的构成要素包括：风险源、风险事件、风险

---

① Gasser U, Almeida V A. A layered model for AI governance [J]. IEEE Internet Computing, 2017, 21（6）: 58–62.

后果。风险源是指促使风险事件发生或增加其发生的可能性原因或条件。风险事件是指导致与预期活动目标不符的负面收益的直接原因。风险损失即是这种与预期活动目标不符的负面收益，是非故意的、非预期的经济或其他价值的减少。

机器学习与深度学习算法，是这一轮人工智能发展的算法技术核心。与以往逻辑主义的算法创新思路不同，基于机器学习的人工智能强调从海量的数据中挖掘相关规则，从而作为机器决策和执行的依据。在此过程中，机器的计算依据并不由人类自外部给定，而是由算法系统在数据海洋中不断训练得出相关参数和算法模型来决定，决策逻辑更多是基于数据拟合或者模型匹配，即相关关系，而非因果关系。这对于解释实际算法应用的社会效果的生成机制，存在着挑战性。当然，人工智能算法对于相关关系的识别，往往也有助于发掘技术的社会运用过程中真实的因果关系。

同时，当前的人工智能技术具有显著的不可解释性，即"黑箱"特征。这种不可解释性，又可以分为两个层面：不可解读性和不可解释性。一方面，不可解读性是指算法的运行过程存在一定的黑箱性质，即深度学习算法在运行时，数据和梯度往往在多个算法隐藏层之间来回随机游走，即使通过标识算法进行实际跟踪，但就算卷积神经网络算法的运算规则是既定的，运算过程往往也无规律可循。另一方面，不可解释性，是指外部观察者很难理解算法的决策过程，对很多技术专家而言也是如此。这种技术不确定性嵌入在输入－算法－输出的各个环节之中，如数据质量的偏差，算法参数的随机，以及难以避免的人为因素（如算法开发人员的价值观），使得追踪决策结果的影响根源在技术上十分困难。因此，人工智能虽然大概率上能够高效地解决很多问题，但是技术的不确定性将是悬在使用者头上的达摩克利斯之剑，一旦造成决策偏差，将对个人的生命健康财产甚至社会安全产生十分重大的不利影响。

除了技术上的不确定性，更多的不确定性来自人工智能与社会的互动①。人工智能就如电力一样，是一种通用型技术，可以被不同的行业部门和生产生

① 程海东，王以梁，侯沐辰．人工智能的不确定性及其治理探究［J］．自然辩证法研究，2020，36（02）：36-41.

活环节所使用[①]。然而，人类行为也具有非常高的复杂性和不确定性，如何使用、何时使用、在哪使用、谁来使用等问题始终伴随着人工智能技术与社会的互动过程。社会不确定性与人工智能技术不确定性的交织混合，指数级地增加了人工智能应用的结果不确定性，使之更加难以追踪和掌控。尤其是在立法、医疗、和教育等领域，人工智能应用的不确定性将为社会带来非常大的风险[②~④]。

除了不可解释的隐忧，人工智能算法还可能带来自我强化困境和主体性难题[⑤]。基于数据训练出来的算法，无法超越"输出不能超过输入"的准则，使得算法使用者容易陷入历史路径依赖或信息茧房，形成"画地为牢"的自我强化困境。李利文认为，人工智能的核心优势就是基于个性化大数据训练出来的"精准"，但是其风险也恰来源于"精准"，因为算法最大限度上满足了个体特征和喜好，却限制了使用者接受多元和新奇信息的机会，从而造成不断追求信息却又难以超越平庸的内卷化状态[⑥]。主体性的难题表现在人与机器的分工界限越来越模糊[⑦]，权利、责任与义务的承担主体在人与机器之间难以明确划分，例如机器生产的文学作品以及无人驾驶事故，造成利益分配和过失惩罚等奖惩机制的失效。

此外，人工智能还可能深刻改变社会主体之间的权力关系，造成强者越强、弱者越弱的极化效应。人工智能技术包含巨大的能量，使用主体可能通过支配地位，使技术成为巩固、扩张和垄断权力的工具[⑧]。在人工智能时代，数

① Goldfarb A, Gans J, Agrawal A. The economics of artificial intelligence: An agenda [M]. Chicago, IL: University of Chicago Press, 2019: 1–35.

② 吴河江，涂艳国，谭轹纱. 人工智能时代的教育风险及其规避 [J]. 现代教育技术，2020，30（04）：18–24.

③ 闫立，吴何奇. 重大疫情治理中人工智能的价值属性与隐私风险——兼谈隐私保护的刑法路径 [J]. 南京师大学报（社会科学版），2020（02）：32–41.

④ 王建文，方志伟. 人工智能辅助地方立法的风险治理 [J]. 甘肃社会科学，2020（05）：69–75.

⑤ 贾开. 人工智能与算法治理研究 [J]. 中国行政管理，2019（01）：17–22.

⑥ 李利文. 人工智能时代精准治理的隐忧与风险 [J]. 河海大学学报（哲学社会科学版），2020，22（1），82–90.

⑦ 何哲. 人工智能技术的社会风险与治理 [J]. 电子政务，2020（09）：2–14.

⑧ 程海东，王以梁，侯沐辰. 人工智能的不确定性及其治理探究 [J]. 自然辩证法研究，2020，36（02）：36–41.

据成为"新型石油"。数据不仅在价值生产中扮演越来越重要的作用，在知识生产和公共管理过程中也越来越关键[1]。拥有关键资源不一定带来权力，而利用资源的能力能够带来权力[2]。例如，拥有人工智能技术、数据和资本的平台型企业在社会经济运行过程中拥有越来越大的权力。在微观层面，平台企业掌握大量用户数据，可以利用人工智能技术分割用户权益而不被觉察[3]。公共部门大量使用人工技术提高公共服务效率，但也强化了控制个体公民的工具[4]。在宏观层面，公共部门一般难以跟进人工智能算力、技术和知识的快速增长的需求[5]，而人工智能企业和平台将在公共政策甚至非正式制度改变中拥有越来越多的影响力。在这些情景下，普通公民的话语权都将受到侵蚀。一方面，普通公民可能成为经济组织廉价攫取数据燃料的供给者却难以分享相应的收益；另一方面，他们可能在被动使用人工智能技术的过程中，不断单向度演化，造成内卷化的风险。

第二节　人工智能治理的内涵与挑战

治理是各种公共的或私人的个人和机构管理其共同事务的诸多方式的总和。它是使相互冲突的或不同的利益得以调和并且采取联合行动的持续的过程。它既包括有权迫使人们服从的正式制度和规则，也包括各种人们同意或以为符合其利益的非正式的制度安排[6]。治理（governance）与传统的统治（government）有很大的区别：在统治中，政府是唯一权威，而治理需要公私

① Yu Z, Liang Z, Wu P. How data shape actor relations in artificial intelligence innovation systems: an empirical observation from China [J]. Industrial and Corporate Change, 2021, 30 (1): 251–267.

② Lukes S. Power and the Battle for Hearts and Minds [J]. Millennium, 2005, 33 (3): 477–493.

③ 梁正, 余振, 宋琦. 人工智能应用背景下的平台：核心议题、转型挑战与体系构建 [J]. 经济社会体制比较, 2020 (03): 67–75.

④ Kuziemski M, Misuraca G. AI governance in the public sector: Three tales from the frontiers of automated decision-making in democratic settings [J]. Telecommunications policy, 2020, 44 (6): 101976.

⑤ Wirtz B W, Weyerer J C, Sturm B J. The dark sides of artificial intelligence: An integrated AI governance framework for public administration [J]. International Journal of Public Administration, 2020, 43 (9): 818–829.

⑥ 卡尔松. 天涯成比邻——全球治理委员会的报告 [M]. 北京：中国对外翻译出版公司, 1995: 2.

合作；在统治中，权力运行自上而下，而治理一般需要上下互动；统治一般以国家为边界，而治理一般超越国家；统治权威一般源自法规命令，而治理权威依赖社会共识[①]。治理一般包含几个要素：①价值（即为什么治理）；②规制（即依靠什么治理或如何治理）；③主体（即谁来治理）；④对象（即治理什么）；⑤效果（即治理得怎么样）。

治理的概念已经应用到很多新兴技术领域，而人工智能治理这个概念还处于定义之中，也面临更多的挑战。第一，人工智能本身的界定非常模糊，它包含了许多不同的学科领域且边界不清；第二，人工智能内部运行的算法难以观察，造成的社会影响很难判断。学界对人工智能治理存在不同的理解。从微观的技术视角来看，人工智能治理被认为是让人工智能更加可解释、透明与合乎伦理的过程与安排。从中观的组织视角来看，Butcher 和 Beridze 认为人工智能治理是应用一系列工具、方案和手段来降低人工智能风险并充分利用其技术潜力[②]。从更宏观的社会视角来看，牛津大学未来人类研究所的研究人员认为，人工智能治理是为了确保人工智能的有益发展所设计的一系列规范、政策和制度[③]。

一般而言，人工智能治理包含了利用人工智能技术提高社会治理效率和质量的维度（AI for governance），但更多强调社会主体在一定的机制下对人工智能的消极影响进行控制（Governance of AI）。理想的人工智能治理体系需要考虑治理的核心价值（如安全与自主），多方主体的参与利益协调，以及相应的制度机制保障[④]。因此，我们认为的人工智能治理是：政府和社会通过正式和非正式的制度安排，共同推动人工智能领域的科研、创新及应用活动，同时识别、预防、解决人工智能技术进步对社会的不良影响。

然而，人工智能的技术特征使得人工智能治理面临很多难题，主要表现为以下三个方面。

---

① 俞可平.全球治理引论［J］.马克思主义与现实，2002（01）：20-32.

② Butcher J, Beridze I. What is the state of artificial intelligence governance globally? ［J］. The RUSI Journal, 2019, 164（5-6）：88-96.

③④ Zhang B, Dafoe A. US public opinion on the governance of artificial intelligence ［C］//Proceedings of the AAAI/ACM Conference on AI, Ethics, and Society, 2020：187-193.

1. 技术的复杂性和应用的泛在性与治理主体间的知识不对称问题

人工智能应用的泛在性使得治理问题广泛地将各类主体（以政府、企业和公众最为重要）卷入其中。与此同时，集成了众多学科和技术的人工智能在知识层面又表现出很强的复杂性和较高的认知门槛。因此，政府、企业、科研机构和公众在人工智能领域存在明显的知识不对称问题。这一问题有三点表现：其一，主要的科学知识掌握在科研机构手中；其二，主要的行业知识掌握在企业手中；其三，公共知识缺乏生产主体和供给渠道。这种知识不对称是一系列问题的根源。例如，由于人工智能领域专业知识（包括科学知识和行业知识）难以获取，政府（特别是地方政府）的决策可能无法达到其预期的效果。由于当前人工智能领域公共知识生产主体和供给渠道的缺失，公众对于人工智能的认知是被各种碎片化且质量难以保障的信息随机塑造的，从而产生了对人工智能部分技术应用的质疑和抵触。

2. 人工智能技术的通用性和应用的本地性与治理尺度的不一致问题

当前人工智能技术的通用性不断增强，并在计算机视觉、语音识别、自然语言处理等一系列领域中不断取得突破性的进展。与此同时，人工智能技术的应用又表现出很强的本地性，与当地的社会形态、文化传统、组织环境、选择偏好等因素密切相关。有鉴于此，人工智能技术的通用性及其应用的本地性引发了治理尺度的不一致问题。也就是说，在不同的国家或地区，以多大的力度、通过何种方式进行人工智能治理必然存在天然的、难以消除的差异。这些差异使得我们难以在全球层面就人工智能治理的尺度问题达成一致，而这种一致性的缺失很有可能使得人工智能治理的内容、力度、手段和成效过分依赖各个国家或地区本身的治理意愿和治理能力。以人脸识别技术的应用为例，欧洲国家出于对隐私保护的高度重视，往往会预先采取严格的监管措施；美国则出于限制公权力滥用的传统和联邦制的政治制度，通过各州强度不一的分散式立法进行规制。

3. 人工智能技术的不确定性与治理体系的风险与竞争加剧问题

人工智能的多学科性质使该技术涉及众多不同的技术领域，因此，任何一个相关领域的发展都会加速人工智能技术的变革。此外，人工智能技术所能带来的收益不仅取决于技术本身的先进程度，还与市场规模及需求、可能应用的场景和形式密切相关。人工智能技术的不确定性一方面使得治理体系中的风险加剧，人们难以预见人工智能技术及其应用的风险溢价，这可能会使得人工智能领域涌入的资本更具投机性。另一方面，人工智能技术的不确定性也使得人们对人工智能的发展空间充满期待，从而加剧了治理体系中各国政府之间的竞争。近年来，随着硬件、算法的进步以及互联网巨量信息数据的产生，人工智能技术在赋能社会各行各业的过程中表现出巨大的技术互补性和溢出效应，短短几年内便成为推动产业优化升级、生产力整体跃升的重要战略资源，抢占人工智能的制高点以在全球竞争中赢取主动权已然成为世界各国竞争与博弈的焦点。

这些问题给人工智能带来了诸多挑战，具体而言体现在以下三个方面。

1. 新兴治理对象的涌现与追责难度的增大

人工智能技术赋能催生了数据、算法、平台等新兴治理对象的出现。就数据层面而言，数据过度采集、数据隐私保护、数据质量把控、数据非法交换等一系列数据治理问题随着人工智能的加速式发展变得日益严峻。就算法层面而言，基于人类认知行为结果和有效性建构的算法歧视、算法黑箱以及算法对抗等问题凸显。例如，在人脸识别场景中，即便研发端企业已经最大化优化人脸识别系统，但在应用端企业依然存在人脸仿冒问题。就平台层面而言，基于大量数据和信息优势而日渐形成的平台垄断弊病日益引起社会警惕。新兴治理对象的不断涌现正在使得传统治理体系的追责行为主体（企业）面临巨大挑战。在人工智能治理实践中，单个企业已经难以成为唯一的追责主体，而仅仅是责任主体链条上的一环而已。

2. 现存价值体系和竞争格局面临冲击

人工智能技术的发展和应用场景的拓宽使得潜在的重大技术、经济和道德风险开始冲击人类社会现存的价值体系和竞争格局。一方面，人工智能带来的市场失灵使得全球范围内的不平等问题加剧。人工智能技术在替代劳动力过程中表现出的外部性问题、人工智能技术开发者与用户之间的信息不对称及由此引发的隐私侵犯和操纵用户问题以及人工智能规模经济逐渐走向垄断的问题已不容回避；另一方面，人工智能正在对世界各国之间的军事力量、战略竞争以及更为广泛的国际安全与国际政治经济格局产生决定性和变革性的影响，包括加剧国家间的战略竞争和不信任，甚至改变国家间冲突的性质和特征。

3. 既有制度供给缺陷凸显

随着人工智能领域治理问题的涌现，现存的法律、监管制度供给的缺陷和全球范围内灵活、有效治理机制的缺失问题也进一步凸显。一方面，尽管在透明度、公平和隐私等支撑性原则方面的共识正在形成，但是在实践中解释并实施这些原则却困难重重，而基于原则的方法和现有的伦理框架也被认为不足以对当前和未来的人工智能提供及时有效的约束和监管。另一方面，虽然近年来各国政府、科技企业、研究机构等主体都在人工智能领域积极布局，然而其所制定的倡议、战略和政策大多仍然是对自身观念、立场和利益的单方面表达，其所提出的面向人工智能治理的措施和方案呈现出局限化、碎片化的状态，关于人工智能治理机制的全球性共识尚未形成。

第三节 人工智能治理研究现状

在现有人工智能治理的研究文献中，除少部分学者提出综合治理模型之外[1][2]，大部分学者一般只是从人工智能治理的某一个维度或应用领域来分析治理的现状与问题。这些研究从广度和深度上对认识人工智能治理了提供了一定的知识基础，为构建综合性的人工智能治理框架做出了有益的尝试。以下从几个方面梳理人工治理研究的现状。

1. 人工智能治理的层次或框架

通常，人工智能治理主要包括三个领域：① 社会领域，如人工智能伦理、人工智能政策、社会和经济影响、制度；② 技术领域，如算法、安全、数据；③ 发展领域，如通用人工智能和人类的存在风险。哈佛大学的 Gasser 和 Almeida 提出了一个多层次的人工智能治理框架，包括近期的技术和算法层（如数据治理，算法可解释性和标准），中期的伦理层（如治理原则），以

---

① Gasser U, Almeida V A. A Layered Model for AI Governance. IEEE Internet Computing, 2017, 21（6）: 58–62.

② Wirtz B W, Weyerer J C, Sturm B J. The dark sides of artificial intelligence: An integrated AI governance framework for public administration［J］. International Journal of Public Administration, 2020, 43（9）: 818–829.

及远期的社会和法律层面（如观念，规范和法律）[1]。与此类似，Wirtz 等人也提出了一个公共管理中的人工智能综合治理框架，包括人工智能技术、服务与应用层（包括数据获取，数据处理和算法执行），人工智能挑战层（包括社会影响，伦理影响和法律规制影响），人工智能规制过程层（包括界定问题，风险评估与风险管理），公共政策层（包括立法、规范、标准、伦理和算法可解释性等），以及人工智能合作治理层（包括不同主体和合作分工机制等）[2]。

2. 人工智能治理主体

虽然越来越多的文献都在强调多主体协同治理，但因为治理对象的公共利益属性，政府仍然是人工智能治理中最具权威与合法性的主体。尤其是在基础的数据治理领域，政府的数据规制能够显著影响人工智能的发展方向。然而，由于在基础设施、算力、数据、人员以及行业知识等方面的跟进乏力，政府在人工智能治理中也面临不少能力正当性的质疑[3]。哈佛伯克曼中心的 Kuziemski 和 Misuraca 认为政府在公共管理中使用人工智能时面临一种悲剧性的双重束缚（a tragic double bind）：政府想提升服务效率的目的与其保护公民免受算法侵害的义务相冲突。换句话说，政府一方面利用算法，另一方面又被算法所支配。许多研究仅仅看到政府是一个规制者，而忽略了政府其实也是人工智能的消费者和使用者[4]。对新奇的追逐也使得一些政府采用超过必要的人工智能技术解决方案，带来额外的风险。

与此同时，大型科技企业与数字平台（如谷歌、亚马逊、微软、百度、腾讯和阿里巴巴等）在人工智能治理中拥有了越来越大的话语权[5]。掌握海量数据、前沿算法以及巨大算力的科技企业能够通过多种直接（如游说政府）和间

①　Gasser U, Almeida V A. A Layered Model for AI Governance. IEEE Internet Computing, 2017, 21（6）: 58-62.

②　Wirtz B W, Weyerer J C, Sturm B J. The dark sides of artificial intelligence: An integrated AI governance framework for public administration［J］. International Journal of Public Administration, 2020, 43（9）: 818-829.

③　梁正，余振，宋琦. 人工智能应用背景下的平台：核心议题、转型挑战与体系构建［J］. 经济社会体制比较，2020（03）: 67-75.

④　Kuziemski M, Misuraca G. AI governance in the public sector: Three tales from the frontiers of automated decision-making in democratic settings［J］. Telecommunications policy, 2020, 44（6）: 101976.

⑤　Wu W, Huang T, Gong K. Ethical principles and governance technology development of AI in China［J］. Engineering, 2020, 6（3）: 302-309.

接（如与高校合作，影响公众认知）的方式，改变与人工智能相关的正式与非正式制度①。出于社会责任和形象塑造等因素，这些掌握技术前沿的科技公司也相继发布了许多人工智能治理准则与倡议，形成了一定的示范效应。因此，政企合作共治已经成为人工智能治理不可避免的趋势。然而，由于数据共享困境和责任分担不明的束缚，政企共治的推进阻力重重②。此外，许多研究也分析了国际组织（如联合国）、非政府组织、行业协会、大学和研究机构等主体在人工智能治理中的实践。然而，鲜有研究关注普通公民在人工智能治理中的作用，更多的研究只是采用问卷调查等形式了解民众对人工智能以及其治理的态度与认知③。

3. 人工智能治理的对象

如上文所述，不确定性是人工智能的主要特征与风险所在，降低不确定性是人工智能治理的重要目标。这种不确定性来自技术的不确定性，社会使用的不确定性，以及两者结合带来的结果不确定性。在技术层面，治理的对象主要是数据和算法④⑤。数据具有显著不同于传统要素的特征。数据具有无限增长性、非竞争性、规模经济性以及外部性，即一个个体的信息也可能包含其他人的信息⑥。在人工智能时代，重要的不再仅是个体的身份特征信息，还包括在网络上的点击、购买、评价、点赞、停留等行为足迹，这是企业挖掘信息和商业价值的主要来源。数据是企业与用户共同生产的结果，但是其权属难以界定，如何分配收益也是全球性难题。因而，数据治理既要保护公民个体隐私又要让人工智能产业得以发展。对于算法治理，主要是让算法更加透明与可解

① Yu Z, Liang Z, Wu P. How data shape actor relations in artificial intelligence innovation systems: an empirical observation from China [J]. Industrial and Corporate Change, 2021, 30（1）: 251–267.

②④ 梁正，余振，宋琦. 人工智能应用背景下的平台：核心议题、转型挑战与体系构建 [J]. 经济社会体制比较，2020（03）: 67–75.

③ Zhang B, Dafoe A. US public opinion on the governance of artificial intelligence [C] //Proceedings of the AAAI/ACM Conference on AI, Ethics, and Society, 2020: 187–193.

⑤ 贾开，蒋余浩. 人工智能治理的三个基本问题：技术逻辑、风险挑战与公共政策选择 [J]. 中国行政管理，2017（10）: 40–45.

⑥ Goldfarb A, Gans J, Agrawal A. The economics of artificial intelligence: An agenda [M]. Chicago, IL: University of Chicago Press, 2019: 31.

释。在应用层面，治理的对象主要是社会价值观与行为①，让人工智能符合伦理地被使用。而在结果层面，对于如何应对人工智能发展与利用带来的不均衡后果（比如权力极化，贫富差距扩大，就业替代等）也有很多讨论②~④，但由于人工智能发展的长期影响尚未显现，实践中的治理策略（如对机器征税和全民基本收入等）也多处于讨论阶段。

4. 人工智能治理的工具

法律是治理最有强制力的工具，美国、欧盟的一些国家已经开始针对智慧医疗、自动驾驶等领域进行立法。然而，法律制定一般无法跟上人工智能迅速变化的节奏，普适性和原则性较强的法律条款难以满足人工智能许多个性化应用场景的需求。因而，治理宣言、技术标准、行为规范、国际倡议等也逐渐被纳入人工智能治理工具的范畴之中，并根据具体的治理问题和治理需求加以利用，以实现治理工具的多样化。其中，标准的作用越来越被重视。一方面，标准可以通过规范产品的规格、可解释性、鲁棒性和故障安全设计等特征影响特定人工智能系统的开发和部署；另一方面，标准还可以通过规范开发流程影响人工智能研究、开发和部署的大环境。与此同时，国际标准的建立、传播和执行可以在研究人员、研发机构和政府之间建立信任，并可以在全球范围内起到传播最佳实践的作用⑤。伦理规范虽然缺乏强制力，但却是最容易使用并引导方向的工具。2016年以来，全球共有80多个人工智能伦理政策文件，不仅公共部门强调利用伦理政策文件来进行干预，私有企业也积极发布伦理原则来体现社会责任和领导力。在微观层面，利用技术监管人工智能数据和算法黑箱问题是热门的主题。例如，可以利用联邦学习和区块链技术实现人工智能的安

① 程海东，王以梁，侯沐辰.人工智能的不确定性及其治理探究［J］.自然辩证法研究，2020，36（02）：36-41.

② 樊鹏.利维坦遭遇独角兽：新技术的政治影响［J］.文化纵横，2018（04）：134-141.

③ 陈永伟.人工智能与经济学：近期文献的一个综述［J］.东北财经大学学报，2018（03）：6-21.

④ Acemoglu D, Restrepo P. Artificial intelligence, automation, and work［M］// Goldfarb A, Gans J, Agrawal A. The economics of artificial intelligence: An agenda. University of Chicago Press, 2018: 197-236.

⑤ Cihon P. Standards for AI governance: international standards to enable global coordination in AI research & development［J/OL］. Future of Humanity Institute. University of Oxford, 2019, 4（1）: 1-41.［2020-10-01］. https://www.fhi.ox.ac.uk/wp-content/uploads/Standards_-FHI-Technical-Report.pdf.

全与隐私原则，用机器学习测试与验证提升人工智能的可靠性，用可解释技术应对人工智能的透明性问题[①]。

可以看出，目前对于单个治理工具（如法律、规范、标准、技术等）的研究较多，而对工具之间的关系以及适用范围等却缺乏系统的讨论。梁正等（2020）对人工智能应用背景下平台治理提出的治理工具体系提供了一些初步的思考[②]。在宏观层面，法律和市场是治理的主要工具，前者提供基本规则和底线，而后者利用优胜劣汰机制奖惩市场主体；在中观层面，可以利用社会实验等方式不断学习和调整应对人工智能风险的机制；在微观层面，积极利用监管技术降低技术不确定性，并推动伦理自律成为企业自我约束和完善的重要途径。

5. 人工智能治理的模式

治理模式是治理价值、路径和逻辑等方面的组合。即使拥有相似的治理目标、主体、对象和工具，根据不同国家的背景或应用场景，具体的治理模式也存在非常大的差异。各国政治经济社会发展基础对人工智能治理的模式影响深刻。学者尤其关注中国、美国和欧盟国家这三个人工智能发展领先地区的治理模式的比较[③]。总体上，欧洲失去了互联网和人工智能发展先机，主要侧重于治理理念和模式的引领；美国基本坚持小政府原则，让市场发挥基础资源配置作用，政府主要在规划引领和审慎规制中发挥作用；而中国以发展为先，政府和市场齐头并进，在规制上摸着石头过河。例如，在对"深度伪造"的治理中，石婧等认为美国的治理模式遵循利益价值导向、自下而上的路径，以及利益激励下的审慎规制；欧盟国家的治理模式遵循结果导向、自上而下的路径，以及政府管控下的主动出击；而中国的治理模式遵循问题导向、多方协同路径，以及多方参与下的包容监管[④]。

① Wu W, Huang T, Gong K. Ethical principles and governance technology development of AI in China [J]. Engineering, 2020, 6 (3): 302-309.

② 梁正，余振，宋琦. 人工智能应用背景下的平台：核心议题、转型挑战与体系构建 [J]. 经济社会体制比较，2020 (03): 67-75.

③ 曹建峰. 人工智能治理：从科技中心主义到科技人文协作 [J]. 上海师范大学学报（哲学社会科学版），2020, 49 (05): 98-107.

④ 石婧，常禹雨，祝梦迪. 人工智能"深度伪造"的治理模式比较研究 [J]. 电子政务，2020 (05): 69-79.

同时，国际层面的人工智能治理机制也在探讨之中，主要针对数据保护与跨境流动、贸易与公平、人工智能安全与军事化竞争等议题展开。不同于核能和空间技术，人工智能国际治理还缺乏专门的治理机构与国际法进行协调。因此，不少学者提出人工智能治理也需要特别设立的人工智能国际治理机构（类似世界卫生组织或世界贸易组织），执行协调、合作、综合平衡以及集体利益等目标[①]。人工智能国际治理体系应该具有包容性（包含众多主体）、预期性（掌握技术前沿）、回应性（快速跟踪技术发展与使用），以及反身性（不断反思和更新政策原则）。除了遵循联合国原有法律框架，人工智能治理也可以从互联网、空间安全，以及核能治理等方面汲取经验[②]，设立专门的人工智能国际法律。

第四节　人工智能治理研究不足与展望

当前，对人工智能治理问题的探讨主要还停留在学术界，其结论和构想对于真正开展实践的产业主体而言仍然缺乏适用性。这方面，新加坡已经开始做了一定的尝试，其人工治理框架（Model AI Governance Framework）被世界经济论坛认为是目前人工智能治理的最佳实践之一。该框架凝练出了两个治理原则，即人工智能决策必须是可解释的、透明的且公平的；人工智能系统必须是以人为中心的。从治理原则到实践，该框架提出了组织在人工智能治理中四个具体的考虑维度；① 组织内部治理结构和方法；② 人工智能决策系统中人类的介入程度；③ 执行管理；④ 参与者的互动和沟通。然而，这些治理框架主要是针对组织层面的操作建议，而对于社会层面的人工智能治理还缺乏综合的框架。

总体上，目前的人工智能治理的定义和边界还比较宽泛，缺乏一个广受国际社会认可的界定。人工智能治理的研究散落于各个具体的应用领域和层

---

① Kemp L, Cihon P, Maas M M, et al. UN High-level Panel on Digital Cooperation: A Proposal for International AI Governance [J]. UN High-Level Panel on Digital Cooperation, 2019: 1-4.

② Butcher J, Beridze I. What is the state of artificial intelligence governance globally? [J]. The RUSI Journal, 2019, 164 (5-6): 88-96.

面，较少有从社会经济系统的整体层面进行探索。当然，也有学者认为，现在就提出综合性的人工智能治理框架可能为时尚早，可以在具体领域先行探索，慢慢摸索出整体层面的设计[①]。从发展脉络来开，人工智能治理也显然还没有成为一个独立的研究领域，而更多是不同学科的学者从各自的专业视角加入对治理的观察与思考。Zhang 和 Dafoe（2018）尝试提出未来人工智能治理研究的三个基本方向：① 人工智能技术远景；② 多元主体在人工智能发展与应用中的政治博弈；③ 理想的人工智能治理模式。这些对该领域的研究具有一定的引领作用[②]。

从治理的要素来看，现有文献对人工智能治理的主体和工具已经有了一定的讨论，但是对于治理的价值（目标）、机制和对象的研究明显不足。现有研究主要关注人工智能治理的现状、问题以及对策，但是对为什么进行治理还没有较多的讨论和共识。一些基本问题如：人工智能治理是为了用户权利最大化还是福利最大化？社会发展与个体权利之间能否平衡？需要广泛而深刻的探讨。此外，各国之间经济政治社会文化差异巨大，能否在全球层面形成一些基本价值共识？还是只能各国关起门来各行其政？这些问题需要全球层面的反思与推动。全球气候变化议题应对的裹足不前及 2020 年以来新冠病毒感染疫情危机治理的教训，都可能推动人们对全球治理价值和机制的反思与重构，为推动人工智能全球治理提供了良好的契机。

从治理对象来看，现有研究多只是把人工智能作为一个笼统的对象，或者具体关注某个算法和或应用领域，而忽略了从整体上考量数据、算法以及应用之间的关系。实际上，数据、算法和应用具有不同的应用范围，需要分层次进行治理。例如，数据虽然是人工智能发展的基础，但也是其他数字技术和商业模式的重要投入，是第四次工业革命背景下的基础市场要素，因而是一个需要社会进行整体治理的对象，而不仅仅是针对人工智能。再如，具体到应用领域，虽然都体现人工智能技术的共性特征，但是场景特征与风险千差万别，治

---

① Butcher J, Beridze I. What is the state of artificial intelligence governance globally? [J]. The RUSI Journal, 2019, 164（5-6）：88-96.

② Zhang B, Dafoe A. US public opinion on the governance of artificial intelligence [C] //Proceedings of the AAAI/ACM Conference on AI, Ethics, and Society, 2020：187-193.

理问题与挑战各有不同，需要对技术和场景做出分类，才能精准治理。此外，人工智能技术应用不可避免地带来一些负外部性问题，这也需要纳入人工智能治理的对象中。

从治理机制来看，虽然不少主体都提出了各自的治理理念，尤其是组织层面的治理实践已经开始，但是尚未形成政府、产业和社会等多主体之间的协调互动机制。未来研究需要更多结合具体国家背景和应用场景，深入研究政府、市场和社会的合作分工互动机制，既需要归纳普遍性的治理原则，也需要因地、因时、因业制宜的具体治理策略。

从治理效果来看，由于各国人工智能治理实践也才刚刚起步，治理效果有待时间验证。然而，治理水平的评价对于提升治理效果十分重要。目前，人工智能治理的许多方面还无法衡量，或缺乏跟踪人工智能治理进展的指标和维度。虽然有些研究机构已经开始尝试建立衡量人工智能发展和治理水平的指数①，但这些研究多是基于定量数据，而且很多指标使用比较牵强，数据缺失严重，分析结果并不可靠。未来研究需要更多深入场景的质性调查以及行业间、国家间的宏观比较，综合多种视角和方法，构建出衡量人工智能治理效果的关键维度或评价体系，为提升各国人工智能治理水平与能力提供坚实的参考依据。

---

① Zhang D，Mishra S，Brynjolfsson E，et al. The AI index 2021 annual report［J］. arXiv preprint arXiv：2103.06312，2021.

第二章
典型人工智能应用场景与技术治理问题初探

作为人工智能的最突出特征,技术的复杂性和应用的泛在性使得人工智能治理与不同行业和应用场景紧密相关。与此同时,人工智能在整个经济领域的实际应用日益广泛、快速增多并渗透到人们的日常生活之中,或为经济部门带来可观的效益,或改善公共部门的服务以增进社会福祉。认知计算、机器学习和深度学习等人工智能技术正通过图像识别、语音识别、智能代理、预测分析等高级功能来重塑企业、政府等各类组织的业务模式,并正在与物联网(IoT)等其他数字技术结合。有鉴于此,本章选取医疗健康、自动驾驶和工业互联网等领域,深入分析不同垂直行业内和典型应用场景下人工智能技术的应用形式以及突出的治理问题。

第一节　医疗健康

近年来,随着人工智能的快速发展,结合传统医疗与人工智能的新型医疗模式成为推动传统医疗产业新增长的核心引擎。根据不同商业研究机构估计,2018 年世界精准医疗市场规模为 500 亿~600 亿美元,且在未来 10 年内,市场的年复合增长率将维持在超 10%。为此,无论是以谷歌、腾讯为代表的大型互联网公司,还是以琼森(Johnson & Johnson)、辉瑞(Pfizer)、罗氏(Roche)为代表的传统医疗巨头都纷纷开始投身于人工智能技术赋能的精准医疗产业的巨大市场之中。

2017年，谷歌 AI 部门发布了基于数万案例及上亿张视网膜图像进行人工智能训练的糖尿病视网膜病变检测程序，且其临床诊断的准确率与专业眼科医师不相上下。同年，腾讯聚合了公司内部包括 AI Lab、优图实验室、架构平台部等多个顶尖人工智能团队的能力，把图像识别、大数据处理、深度学习等领先的技术与医学跨界融合，推出了首款将人工智能技术运用在医学领域的 AI 产品"腾讯觅影"，并已开发出食管癌早期筛查、宫颈癌早期筛查及智能导诊系统等一系列基于人工智能技术的精准医疗产品。

传统医疗产业巨头同样敏锐地感知到了人工智能为这个行业带来的机会。相较于互联网企业具有的数字优势，传统医疗巨头们虽然必须通过跨领域合作或并购的方式来补充人工智能的技术，但他们对医疗产业的理解在精准医疗发展潮流中仍具有一定的优势。例如，在新药开发领域，这些制药巨头们可以通过整合原本就存在的生态系统（实验室、高校等）快速垄断某些特定疾病的新开发细分市场。罗氏（Roche）集团于2014年高价并购了基因测序公司 Bina Technology，并开始在罗氏诊断的个人医疗业务下开展诸如新药开发、癌症诊断等精准医疗研究与应用。

1. 人工智能技术的应用形式

新药与新疗法开发、医疗诊断与健康管理是医疗健康领域最重要的三大业务板块，也是人工智能技术在医疗健康领域最为重要的应用场景。

1）新药与新疗法开发

自从分子诊断技术被确定可以大大提高治疗效率以后，小分子及单株抗体等建构在精确定位治疗目标药物就成为新药开发的主流。这些可泛称为"靶向治疗"（targeted therapy）的新药为了找到"新靶点"并通过靶点治疗疾病的化学或生物成分，需要依靠以数十万计的大量实验来定位出精确靶点。在过去，这些将某些化学分子或生物抗体进行多次排列组合的试验过程主要由人工完成，因此新药研发的时间成本和金钱成本总是居高不下。随着人工智能的高度发展，越来越多的研究机构及企业开始使用新方法来缩短新药开发的成本。例如，全球三大药企之一诺华（Novartis）与英特尔合作使用深度神经网络来加速高内涵筛选（这是早期药物发现的关键要素），协作团队将训练图像分析模型的时间从11h减少到31min，实现了超20倍的改善。在国内，深圳晶泰科技公司基于最前沿的计算物理、量子化学、分子动力学、人工智能与云计算等技术，为全球创新药企提供快速、精确的智能化药物研发科技，目前该公司已经为如罗氏药厂（上海）等企业提供过数次新药开发智能服务。在 2020 年 3 月抗击新冠病毒感染疫情初期，华大基因的研究人员基于英特尔和联想携手提供的大型高性能计算集群，为全基因组测序和全外显子测序的计算提供高达 40 倍的加速，实现了对新型冠状病毒的基因组特性的快速分析研究，持续优化新型冠状病毒检测试剂盒，并获取大量有助于疫苗或治疗方法潜在靶标的信息。

2）医疗诊断

医疗诊断是一种高度专业的知识生产活动，是决定医疗质量的关键环节。近年来，人工智能技术对医疗诊断环节的赋能作用主要体现在图像分析、基因测序与匹配及其他医疗信息分析三个方面。

首先，图像分析是医疗分析中的重要环节，也是最容易出现误判的环节。由于人体发病情况千奇百怪，通过图像中呈现出来的信息来诊断患者的情况并决定施以何种疗法对医生而言是一件极端困难的工作。举例来说，根据 CT、核磁共振等图像中存在的一个非常小的阴影，医生需要判断出造成此阴影的原因是肿瘤、炎症还是其他原因。医生除能依赖丰富的临床经验之外，许多时候还要依赖最新医学研究中的知识来判断。如果可以把阴影图像和大量医学图片大数据放在一起进行比较分析，医生将能够迅速得出更准确的结论。在一些高度仰赖图片识别诊断的方向，这类应用可以广泛使用到医生的临床诊断过程之中。例如肺炎作为一个常见疾病，主要通过 X 射线片识别，然而，大部分医生却很难通过胸腔 X 射线片来识别早期肺炎。为此，斯坦福大学的一个深度学习研究团队在 2017 年发表了一个名为 CheXNet 的深度学习算法程序，且应用结果表明，其准确率比放射师人工判别的效果更好。

其次，基因测序技术凭借灵敏度高、精度和通量高、价格低廉等优势，成为基因检测技术中获取人体基因组数据的主流技术，通过将基因组数据与无线生物传感器获取的生命体征信息（如血压、心跳、脑电波、体温等）、成像设备中的个体信息（如 CT、MRI、超声等）和传统医学数据相结合，基因测序应用为个体提供全新的定制医疗。以著名的乳癌基因组检测评估 Oncotype DX 为例，该检测对判断乳癌及其治疗方式有极大帮助，但高昂费用一直为人所诉病，而新的人工智能技术则可以有效降低其检测成本。目前 Niramai 等公司已开发出更迅速、有效且便宜的人工智能应用来引领市场。

最后，为了有效提高临床诊断能力，结合医疗数据收集、存储、分析技术及机器学习应用的各式辅助设备成为人工智能在医疗健康领域的重要应用形式之一。特别是在危重急症患者的诊疗过程中，分秒必争，利用人工智能技术加快临床诊断时间并增强患者护理，能够提升患者的存活率。例如，通用电气医疗作为医学影像、信息技术、医疗诊断、患者监护、疾病研究、药物研发以及生物制药等领域的全球领先者，将首创的 AI 算法嵌入在 X 射线成像设备中，并利用英特尔 ®OpenVINO™ AI 工具包改善算法性能，将气胸推断时间和分析 X 射线的时间从三秒以上缩短为不到一秒钟。此外，AI 增强型 X 射线设备还可以标记设备上的严重病例，并发送给放射科医生进行即时分类。所有这些可能意味着急需的患者可以更快地获得结果，忙碌的医疗人员可以更有效地分配工作负载优先级，并有可能改善患者的预后。

3）健康管理

健康作为所有医疗行为的终极目的，范围渐渐从"治疗"环节向"预防"及"追踪"环节扩展。在过去，医疗专业人士与病患之间存在大量的信息不对称问题，如病患就医时经常因缺乏专业知识而无法清楚描述自己的生理情况，医生用药后限于成本无法密切追踪病患的康复状况，癌症病患因缺乏检测设备而错过早期治疗的关键时机等。早在 20 世纪 70 年代，美国学界率先提出了预防医学的概念，希望通过不同于疾病治疗的方式来处理日益复杂的人类健康问题。因此，在健康管理方面，大数据和人工智能算法通常被用来预测群体的疾病发生概率，识别高危患者并提供健康建议，通过预防疾病来降低医疗成本。这种应用场景改变了传统健康管理受限于成本或技术问题而存在的信息不对称，实现了患者 – 医生 – 医疗机构之间的诊疗闭环。在这一领域，国际医疗保健解决方案提供商 AccuHealth 使用基于英特尔 ® 架构的人工智能和数据分析技术，为患有慢性疾病的患者提供更好的护理，同时还使保险公司的每位患者的成本降低了多达 50%。例如 AccuHealth 为患有高血压的患者提供一套定制套件，其中包含一组生物特征传感器和一个称为 AccuMedic 的便携式远程监控设备，由位于远程数据中心的 AccuBrain 基于机器学习和预测模型，结合采集到的患者生物特征识别信息、自我评估和人口统计数据进行分析，实现针对患者的定期检查，使得患者能够比去医疗机构更频繁、更规律、更方便地测试自己的病情。当监控设备判断出患者的依从性降低或表现出高风险模式时，还可以通过 AccuMedic 与家人联系。

2. 关键治理问题及其根源

随着人工智能技术的进步及其在医疗健康领域应用的扩大，该领域的创新展现出巨大的颠覆性和矛盾性。一方面，依托先进人工智能技术的创新为解决传统医疗模式中固有问题带来了新的希望，市场中大量的隐含需求（如对"更有效的医疗"的强烈需求）被激发出来，进而创造出独立于原医疗产业生产之外的纯增量"新产值"。另一方面，这些新的价值生产过程中的风险仍未被传统的监管体系辨识出来，引发了一系列值得关注的治理问题。总的来讲，人工智能赋能医疗健康领域的治理问题突出表现在：商业模式对既有制度的挑战、安全与效率之间的两难以及不同主体间利益分配不公三个方面。

1）商业模式对既有制度的挑战

人工智能赋能医疗健康领域涉及医疗体系和人工智能体系的融合，引发了这两个产业独自发展过程中没有出现过的新问题。

就医疗体系而言，原本以医学专业人士为核心权威，单向地指挥病患恢复健康的商业模式受到冲击。当非医学专业背景的消费者也可以拥有通过人工智能带来的"专业知识"时，医院、研究机构和医生的专业权威被打破了，诊断与治疗方案的价值受到挑战。医病互动不再是单向的求取医疗方案，而是双方共同生产解决方案，医生需要患者的更多健康信息，而患者需要医生对个人信息的反馈。原本的医疗商业模式所产生的经济利润需要重新分配，而基于传统价值生产流程的监管制度也必须重新检讨。此外，就人工智能体系而言，虽然医疗知识作为价值生产要素可以通过人工智能来进行学习，但人类活动的多变特性使得人工智能技术在医疗健康领域的应用面临诸多挑战。例如，许多患者仍只愿意相信"医生"，而不愿意相信"机器"，即使该机器已被充分证明了其专业程度和医生不相上下。

2）安全与效率之间的两难

目前，全球互联网巨头纷纷投身于依托人工智能技术提供医疗健康服务的业务之中，然而这却为该领域的发展带来了隐患。安全一直是医疗健康领域的重要关切部分，且通常需要特别的手段才能落实。例如，一直"限制"医疗企业发展的政府监管便要求相关企业必须经过严格的产品上市审批，要尽可能地确保消费者不会因使用某一医疗产品而有生命危险。那些对人类生命威胁较大的产品，通常也是利益最大的产品，例如侵入人体以消灭癌细胞的医疗器械，对于这些器械，审批期动辄从三五年起跳，对某些争议巨大的疗法的审批期甚至可能超过 10 年。

　　然而，由于过去人们认为无论计算机或互联网产品基本都不会直接影响到人类安全，尤其是生理健康上的安全，这种负外部性低、市场容错率高的假设造就了通过快速而广泛的市场试验来推动相关技术革新以获得经济收益的互联网发展逻辑。以此逻辑为核心的创新模式通常不习惯将安全摆在优先位置。试想一款基于人工智能的医疗产品如果在市场试验中出错，并因此丧失了一条人命，那此种程度的社会冲击将可能使一家产业巨头陨落，该产品背后所有的相关技术也可能因此而丧失了市场机会。所以，面对医疗产业的安全坚持和互联网产业的效率至上，企业往往面临以下两难：一方面，互联网思维要求相关产品快速进入市场以获得消费者反馈，但另一方面，监管单位则要求相关产品必须在安全无虞的前提下才能进入市场。

　　3）不同主体间利益分配不公

　　人工智能赋能医疗健康领域的产业发展将创造出大量的经济绩效，然而由于发展过程中不同利益相关者的能力差异，新的经济价值很可能会不公平地分配到不同利益相关者手中，而长远来看这将损害产业的健康发展。

　　首先，在医药产业中具有传统优势的国家将有可能通过知识产权保护、高门槛技术垄断或政治干预等手段获取更大的利润。新药与新疗法开发是人工智能技术在医疗健康领域的重要应用形式之一，而目前世界上拥有尖端新药开发技术的药厂大部分在美国、英国、德国、瑞士等发达国家。随着人工智能技术的应用，新药开发的效率将得到大幅提升，拥有先发优势的大药厂将通过他们原本便拥有的新药开发知识，更快地推出适合特定人群及特定疾病的新药，最后在市场上形成垄断地位，导致其他国家及中小企业所开发的产品难以在短时间内迅速进入全球市场，进而可能导致相关企业所创造的新利润在不同国家之间被不公平地分配。

其次，医疗资源和技术资源分布不均将影响新药、新疗法在不同地区的推广。一方面，本就聚集了最好的医疗资源和医护人员的大医院通常会率先在短时间内引进基于人工智能技术研发出的新药物和新疗法，而这将使得病患趋之若鹜，进一步扩大资源不均的鸿沟。另一方面，人口数量和密度决定了新药引进的市场前景，而地理位置和交通则关乎着新药新技术引进的成本。农村偏远地区人口少，居住分散，用药量少，配送药物成本偏高。不成比例的投入产出降低了企业积极性。

最后，数据对于医院、体检中心、平台企业及医疗器械开发商等利益相关者来说都是最为重要的资源。然而，医疗健康领域数据的生产必然包含两个主体：信息收集设备的开发者和提供信息的使用者。前者有着获取个人信息的天然便利条件。虽然大的平台企业、医院和体检中心等主体受个人隐私保护相关法律的制约，但在数据使用权上，世界各国的监管法规几乎一边倒地偏向这些由专业人士所组成的机构。后果是，由数据所创造的新利润被不公平地分配到这些机构上。此外，医院和企业等通过获取患者个人信息进行科学研究，但甚少会告知用户，让用户清楚地认知到自己哪些数据被收集和存储，又被利用到哪些应用场景，也几乎没有企业和医院会告诉用户其数据被收集和利用后会造成怎样的风险。

第二节　自动驾驶

近年来，汽车智能化程度越来越高，其中自动驾驶与机器学习和模式识别两项技术密切相关。目前，众多互联网企业也开始利用其在机器学习与人工智能算法方面的优势进军智能汽车领域，通过传感器、高精度地图、高精度定位等多种途径获取的海量数据，辅之以人工智能算法及深度学习技术进行车辆的路径规划和驾驶决策，基于收集到的驾驶行为、驾驶经验、场景等数据信息实现车辆的自动驾驶。

就具体技术而言，人工智能技术在汽车自动驾驶上的应用主要涉及环境感知、规划决策与控制三大功能的算法程序，即运用深度学习、模糊逻辑、专家系统、遗传算法等方法，通过大数据的自主学习和训练，使汽车自动驾驶具备一定程度的智能水平。

就全球市场而言，欧洲自动驾驶市场需求前景良好，各车企正在积极大力布局自动驾驶。一是，欧洲各主流车企相继发布各有侧重的自动驾驶战略。宝马公司重点推动自动化与网联化驾驶；奔驰计划近期目标实现大部分车型的自动驾驶，远期目标实现更高智能度的自动驾驶。二是，传统车企与供应商合作加速自动驾驶技术开发。2018 年 7 月，戴姆勒、博世和英伟达宣布共同开发 L4 级别与 L5 级别无人驾驶汽车。2017 年 7 月，宝马、英特尔、Mobil-eye 宣布合作开发自动驾驶汽车。通用汽车也筹划以自动驾驶技术服务或移动出行服务商的身份重返欧洲市场。

相比之下，美国则一直是自动驾驶技术的先行者。自 2009 年谷歌公司启动无人驾驶汽车计划以来，各大车企纷纷加入自动驾驶技术的研发。2016 年 8 月，福特汽车宣布将在 2021 年推出 L5 级别量产车型并投入商业运作。此外，近年来互联网企业也开始成为自动驾驶技术发展的重要驱动力量。2015 年 6 月，谷歌推出的第三代完全自主设计和生产的无人驾驶汽车，自动化程度为第 4 级。Uber、Lyft 和 Apple 也都已相继获得测试许可证并正式启动路测。同时，互联网巨头们不断调整布局方式，放弃独立造车计划，致力于提供自动驾驶软硬件一体化解决方案，并寻求通过并购具有自动驾驶关键技术开发能力的企业进行技术补充提升，加快企业核心技术研发。

日本政府将产业发展的重点放在充分发挥大型车企的主体作用之上。目前，日本各大汽车企业均已根据各自的目标建立了相应的自动驾驶研发应用计划表。日产汽车已经于 2018 年实现在高速道路自动变更车道；丰田汽车在 2020 年发售可在高速道路自动变道的汽车；本田汽车将在 2025 年实现自动驾驶技术第四阶段。在三菱集团、地图制造商 Zenrin 的主导下，一些地图企业、整车制造企业成立动态交通地图企业（Dynamic Map Planning，DMP）以求对动态地图数据进行收集、集成、处理，为自动驾驶汽车提供充分的准备。

中国企业在智能驾驶领域的推进更为激进，呈现出众多厂商角逐，传统车企与 IT 企业跨界合作等特点。首先，传统汽车企业积极布局智能驾驶发展，各传统与新兴整车企业积极制定了其自动驾驶系统发展战略。其次，以百度、阿里、腾讯等为代表的互联网公司也专注于研发自动驾驶技术，并争相推进自动驾驶技术的商业化落地。再次，整车企业通过跨界合作寻求产业融合和商业模式的创新发展。最后，融合性的创新生态体系初步形成。先进传感器、车载计算平台等一些关键技术取得突破，路网信息化建设加快，LTE–V、5G 等测试工作相继展开，高精地图、人机交互等方面同步发展，自动驾驶相关产业链逐步完善。

1. 人工智能在自动驾驶领域的应用

人工智能在自动驾驶领域的应用体现在三个方面：环境感知、决策规划及控制执行。

环境感知领域：如基于 HOG 特征的行人检测技术在提取图像的 HOG 特征后，通常通过支持向量机算法进行行人检测；基于激光雷达与摄像头的车辆检测技术中，需要对激光雷达数据做聚类处理；在车道线和交通标志的检测中，常常应用线性回归算法、支持向量机算法、人工神经网络算法等。但目前由于车辆行驶环境较为复杂，已有感知技术在检测与识别精度方面尚不能满足自动驾驶的需要。

决策规划领域：状态机、决策树、贝叶斯网络等 AI 方法大量应用于自动驾驶中的决策规划处理。近年来兴起的深度学习与强化学习，能通过大量学习实现对复杂工况的决策，并能进行在线学习优化。

控制执行领域：智能控制方法主要包括基于模型的控制、神经网络控制和深度学习方法。如清华大学李克强教授等研究了单车多目标协调式自适应巡航控制技术，这一技术在实现自动驾驶跟车行驶、低燃油消耗和符合驾驶员特性的三大功能的同时全面提升行车安全性、改善车辆燃油经济性、减缓驾驶疲劳程度；还提出了基于多智能体系统的协同式车队列控制方案，以实现降低油耗、改善交通效率以及提高行车安全性的目标。

然而，AI 技术在自动驾驶领域也面临着诸多挑战。一是时效性需求给系统的计算速度和计算可靠性带来挑战。自动驾驶要求感知、决策和执行各子系统的响应必须是实时可靠的，因此需要系统提供高速可靠的计算能力。二是个性化适配。当前深度学习算法对应用环境变异的自适应较差，对不同车型和不同场景存在模型重新训练适配的问题，已有的自动驾驶系统原型不能满足。三是车规级部件。当前自动驾驶系统原型大多是计算机系统或工控机系统，不满足车规级部件需求。四是智能化定标。深度学习呈现出学习集越大，效果越好的特点，由此需要自动驾驶系统具备持续自主学习能力，而已有的自动驾驶原型无法满足。面对老化、磨损等问题，部件出厂时的标定参数不再处于最优状态，自动驾驶系统需要基于汽车行驶数据、性能评价进行智能化标定，进而进行诊断和维护，已有的自动驾驶原型也无法满足需求。五是人工智能技术在感知、规划和决策这三个功能层面及车载计算平台等方面的应用融合，这一要求不再是针对某一特定算法功能或计算支撑能力的单项智能，而需要真正研发出具备多种智能技术的驾驶脑，像驾驶人一样具备感知判断学习能力。

2. 关键治理问题及其根源

自动驾驶是人工智能应用中较为复杂的领域，这主要是因为应用场景有待细分。具体而言，自动驾驶的应用场景可以分为正常场景和长尾场景两类。其中，正常场景主要指出现频繁、交规明确、容易处理的场景，比如换道超车，通过红绿灯控制的路口，无红绿灯控制的无保护左转、右转等。然而 L4 以上级别自动驾驶汽车城市运营的真正实现，还要依赖于对种类繁多、发生概率较低、较为突发的长尾场景的人工智能算法处理。比如闯红灯的车辆，横穿马路的行人，红绿灯损坏的路口，路边违章停靠的车辆等，这些场景中多样化、异质性数据决定了机器深度学习的研发进程，才是自动驾驶在城市落地的关键之一。本研究认为，人工智能在自动驾驶领域应用的关键治理问题源于两个方面：一是由数据价值分配分化导致的创新主体间价值分配不均；二是由产业链的复杂性导致的治理与监管的细化难题。

1）由数据价值分配分化导致的创新主体间价值分配不均

当数据以观察和测量结果为表现形式时，其产生过程主要由少数专业人员所主导。如 19 世纪初期，一些具有远见卓识的个人在富裕赞助商的资助下对事实和研究对象进行数据收集，从而形成了大量的数据积累。这一时期，数据从根本上而言是私有的，其科学价值取决于概念的解读。进入 20 世纪，特别是便携式计算机、建模和仿真出现之后，数据收集、处理和归档的方式被改变，数据人机交互模式开始起步并逐渐发展起来，为数据共享提供了基础条件，数据开始由私人财产向公共产品转变。由于数据本身是没有价值的，数据的价值体现在对数据的挖掘。数据挖掘方式广义上可以分为人力挖掘和机器挖掘。因此，数据的价值赋予主体逐渐由人力赋予转为机器赋予，数据价值的分配模式也逐渐走向分化，而创新主体间价值分配不均成了由数据价值分配分化所导致的一个突出的治理问题。

自动驾驶作为人工智能技术的重要应用场景之一，高效运行和优质客户体验离不开大数据支持和精密传感器的访问许可，道路环境和消费者的全方位数据信息是无人驾驶汽车顺利上路的基本保障。自动驾驶汽车的使用过程中，不同的分布式原件在工作时会持续不断地进行实时运算，它需要在毫秒，甚至微秒级的时间内进行数据量十分巨大的实时数据的收集、运算、融合工作。如果系统性能没有达到预期要求，则自动驾驶的基础功能将无法得到实现。随着无人驾驶汽车安全性能要求的逐步提高，数据越多、数据标注精准度越高，算法模型的效果就会越好，ADAS 产品性能也会越优化。例如，将传感器采集到的大量交通数据进行标注，然后上传给自动驾驶系统进行机器学习和训练，进而实现算法模型的不断迭代，从而提高自动驾驶的精确度和用户体验。不过，这些数据的采集成本往往相当昂贵，且研发费用巨大，企业需要投入大量的资本。自然，企业也在追求最大化的价值回报。然而，不同企业在人工智能价值分配系统中的位置是不相同的。一是虽然机器并不争夺数据所产生的价值，但智能设备（如云计算平台、边缘计算平台）提供商，其为智能设备的生产、维护和使用投入了大量的资本，应当成为价值回报的主体之一。二是数据具有可再生性，数据可以在重复利用过程中产生再生数据、获取价值增值，此时再生数据的所有权人和原数据的所有权人都应当成为价值回报的主体。三是基于数据而衍生出来的互联网软件产品提供商，其开发者应当也是价值回报主体。

此外，没有任何一家企业可以在无现金回流的情况下支撑全部的费用。企业会选择先落地一部分被贴上自动驾驶标签、功能还不完善的产品，进行一些回款销售。同时，让销售出去的自动驾驶汽车在更低成本下继续产生更加多样化、异质化的用户数据回流，以实现对原有数据的不断增值和对新生用户数据的挖掘积累。自动驾驶这种新型商业模式改变了以往数据一次性交付使用的价值生成机制，基于"数据收集–数据挖掘–价值生成–数据回流–价值增值–价值交易"的新型价值生成机制形成。这种对用户数据的实时跟踪监测和多轮动态采集，无疑加强了用户与制造企业之间的创新关联，使得用户成为技术创新的主体之一。而且，用户实施精确的地理定位数据、手机与自动驾驶汽车计算机系统连接时驾驶员通信录数据等，这些数据是否会被用于商业营销或落入坏人之手？汽车制造商是否能满足消费者隐私保护的最低标准？这些都将涉及消费者的数据隐私和安全问题。用户在无形中为数据价值的生成付出成本，也势必应当成为数据价值回报的主体之一。

2）由产业链的复杂性导致的治理与监管的细化难题

自动驾驶产业链可以按照供给侧与需求侧，分为生产端和市场端两部分。生产端主要包括汽车通讯、感知、认知、控制和运营，市场端主要为终端用户。汽车通讯主要包括车联网和高精度地图。感知主要分为传感器本身和识别算法两部分，其中自动驾驶的传感器主要由摄像头、激光雷达、毫米波雷达、超声波雷达等多种方式共同组成。识别算法方面主要由摄像头进行图像和视频识别，是自动驾驶汽车的主要感知途径。认知方面，大多数自动驾驶的初创公司，可以看作算法集成层面。他们利用高精度地图进行路线规划，采用新型计算平台，整合多传感器信息，开发相应的车辆控制算法对汽车进行控制。自动驾驶系统的计算量、数据流都非常大，同时又需要较快的反应速度，因此就需要匹配合适效能的计算资源，保证计算工作的正常运行。在 2017 年 CES 上，英伟达发布了最新的车载计算平台"XAVIER"，其 512Volta CUDA 核心可提供高达 30TOPS 的计算性能，并且功率只有 30W，远远优于 Drive PX2。自动驾驶计算平台的争夺战依然主要在国际巨头之间展开，除了英伟达、英特尔、微软、高通、Mobileye、Ceva、恩智浦、德州仪器等芯片、IP、ADAS 供应商，都正在瞄准这一领域发力，未来的竞争将十分激烈。而在国内，地平线机器人也正在研发其基于 FPGA 架构的大脑引擎（BPU），并在 2017 年底推出了代号为"高斯"的计算构架 IP。控制方面，无人驾驶车辆还将涉及车辆控制、汽车动力学、汽车工程等诸多技术学科，同时需要汽车控制（刹车、转向、灯光、油门等）配件的支持。运营方面，从事无人驾驶汽车研发的企业通常不愿讲自己仅仅定位在技术提供方的角色上，他们更希望深入到运营环节中去。例如，智行者希望能够首先在低速园区内进行无人驾驶运营，图森互联则在一开始就瞄准长途高速货运，Uber 与其收购的 Otto 也将目光分别聚焦在无人驾驶共享出行和长途货运方面。

可见，自动驾驶是人工智能技术集成应用的重要场景，而产业链的复杂性也使得治理和监管的门槛和难度都有所提高。一是数据治理与监管的问题。对自动驾驶而言，目前最大的问题是地图资质的问题。当前，真正具备高精地图资质的公司很少，在测绘局的严格管控下，不仅小型的创业公司很难进入无人驾驶领域，而且大公司的地图数据收集也较为困难。此外，新出台的《数据安全管理办法》严格限制了数据的跨境流动，在严格的监管下，很多合作项目实际上难以推进。二是关键技术仍然相对落后的问题。国内企业在技术先进性和对数据的分析方面都落后于谷歌等公司，且缺乏技术的共享平台。目前，吸引海外人才（特别是有硅谷从业经验的工程师）入职国内企业是国内企业技术快速迭代的重要路径，使很多开展自动驾驶业务的企业少走了弯路。三是路测测试场产业化现象严重的问题。目前，我国国内自动驾驶的路测测试场是由专门公司提供收费服务，每辆车每天的测试费用约为 6 万元。然而，为了技术和产品的研发，自动驾驶车辆需要在测试场测试一至两个月，这使得国内相关企业的研发成本极高。相较而言，美国大部分地区的测试场则是不收费的，其余有注册费的价格也非常低。四是法律法规模糊的问题。国外的数据管理、使用有比较成熟的法律、政策，如美国加州的法律就很清晰，明确规定了企业的某项或某类行为是否合法；相较而言，国内的法律法规中灰色地带较多，政策法规较为模糊，企业需要不断地去试探监管部门的底线，从而提高了创新的成本和不确定性。

第三节　工业互联网

自 2008 年全球金融危机之后，工业互联网被认为是为加速经济复苏并进一步抢占新产业革命带来的发展机遇所推出的以制造业为主的发展路径，重点在于推动信息技术与工业加快融合。2012 年年底，通用电气发布《工业互联网：突破智慧与机器的界限》白皮书，首次提出工业互联网的概念，认为工业互联网是数据、硬件、软件与智能的流动和交互，是通过先进的传感网络、大数据分析、软件来建立具备自我改善功能的智能工业网络。其本质和核心是通过工业互联网平台实现设备、生产线、工厂、供应商、产品和客户的紧密连接与融合，助力制造业拉长产业链，形成跨设备、跨系统、跨厂区、跨地区的互联互通，从而提高效率，推动制造服务体系向智能化方向发展。

在工业互联网平台上，日常联网设备既是接收工业中生产数据的终端设备，又是能够与用户实时交互的智能设备，从而实现人、机、物全面互联。2014 年 3 月，AT&T、Cisco、GE、IBM 和 Intel 联合宣布成立工业互联网联盟（Industrial Internet Consortium，IIC），意在建立一个致力于打破行业、区域等技术壁垒，促进物理世界与数字世界融合的全球开放性会员组织，其中涵盖大型和小型技术创新者、垂直市场领导者、研究人员、大学和政府部门，以及从事硬件、软件、服务、咨询等业务的跨国企业。

1. 人工智能技术在工业互联网领域的应用

人工智能在工业互联网系统各层级、各环节均具有广泛的应用，细分应用场景达到数十种，针对具体场景，对工业生产过程中涉及多因素、高复杂度等问题场景进行划分，充分利用机器学习、深度学习、知识图谱等关键技术进行解决赋能。

在生产过程优化、产品生命周期管理方面，工业互联网通过机器学习，实现生产设备、产品特征的自动化识别，实时感知生产设备工作状态，自动化、智能化安排部署生产动作，目前较为成熟的应用有智能分拣机器人、智能检测机器人等；在生产管理决策方面，工业互联网基于机器学习，智能提取识别系统特征值，并为生产流程和生产参数优化提供建议，对大数据做上下游的数据整合和分析，如流程工业的生产工艺参数优化提高、产品生产指导决策、工业机床的断刀保护等；在企业商机挖掘及经营风险管控方面，工业互联网基于人工智能算法，通过对工业问题的推理和仿真，强化人工智能的感知、交互、决策，帮助企业认识或发现客户需求，实现智能化商机挖掘，如供应链风险管理、工业零部件选型系统等；在行业供应链层面，工业互联网通过对工业知识的有效索引和搜索，利用知识图谱等技术，实现工业知识的沉淀和复用，线上线下相融合后，生产制造环节实现数字化、智能分析。具体而言，人工智能在工业互联网领域的应用探索逐渐形成四类典型应用模式。

第一类，优化生产环节，提升生产效率。西班牙 P4Q 公司应用 Sawyer 机器人组装电路板，实现生产量提高25%；德国Bahlsen应用协作机器人进行食品包装，实现生产效率提升3倍；Novarc焊接协作机器人的应用部署，使吞吐量和生产能力提高4倍；华为、海尔合作研发的生产质量测试床，基于机器学习方法实现了空调噪声智能检测问题，该项生产质量测试床上线应用后人力资源成本下降一半、资金成本下降1/3；奥迪与英特尔合作利用流分析方法和机器学习算法，通过对车辆焊枪控制器的数据进行分析，在检测到错误的焊接或构造发生潜在变化时提醒技术人员，从而可将错误总数尽可能减少或消除，在提高其质量控制流程的范围和准确性的同时降低30%～50%的人工成本。

第二类，深度需求挖掘，优化生产工艺。在此方面应用较多的是通过机器学习，实现原料配比优化（石化行业原油配比、钢铁矿石的配比、电力配煤掺烧等）、工艺参数优化、装备装置健康管理等。如能源供应商Hansewerk AG基于机器学习，利用来自电缆的硬件信息以及实时性能测量（负载行为等）和天气数据，检测和预测电网中断和停电，把主动识别电网缺陷的可能性提高了2～3倍。位于美国纽约的创业公司Datadog推出基于AI的控制和管理平台，其机器学习模块能提前几天、几周甚至几个月预测网络系统问题和漏洞。

第三类，知识图谱汇集影响因素，提升供应链管理效率。例如美国初创公司Maana聚焦石油和天然气领域，打造了名为Knowledge Platform的平台，梳理领域知识打造计算知识图谱，与机器学习计算模型相结合，为GE、壳牌、阿美等石油巨头提供决策和流程优化建议。

第四类，预测性维护，提高维护服务质量。微软推出的AzureIoT平台基于机器学习的数据分析和建模能力，为旗下一款名为Rolls-Royce的发动机提供零部件即将发生故障时的预报、警示功能，同时具备提前介入帮助规划解决方案的功能。

智能制造是工业互联网的核心，而智能制造以数字化、网络化和智能化为主要特征，因此也是人工智能技术应用的重点场景。具体而言，数字化制造、数字化网络化制造和数字化网络化智能化制造可被视为智能制造的三类基本范式。其中，数字化制造可被视为智能制造的第一代范式，当前在企业应用中最为普遍。而数字化网络化制造，是在数字化制造的基础上，以"互联网+"实现制造业与互联网进一步深度融合，在生产方式方面通过数字化生产设备联网、打造基于互联网的制造业平台、在工业互联网体系架构中实现协同研发、共享经济、个性化定制等互联网经济新业态。而数字化网络化智能化制造，则是在数字化网络化制造的基础上，与新一代人工智能技术深度融合，通过制造系统的深度学习能力、感知、分析与计算控制能力、自我更新与知识生产能力，实现真正意义上的智能制造。

人工智能技术保证了工业互联网系统的自主智能运行，最大限度地减少人为干预，提高工作效率。人工智能技术通过使用多代理系统和对话式人工智能等复杂技术，使工业互联网实现自主运行。此外，通过实现不同的搜索、优化和预测算法，将智能层层嵌入工业互联网系统中，从传感器到设备到边缘服务器和云数据中心。具体而言，人工智能在工业互联网中的应用主要体现在智能产品、智能生产和智能服务三个方面。

1）智能产品

智能产品通过智能芯片对外部信息通过接收、认知加工和分类处理，能够以类人的思维方式和"智力"参与人类生活中复杂工作的产品，并且能够借助软件实现与互联网、物联网设施的系统互联。在智能产品中，智能芯片最为关键。所谓人工智能芯片，一般是指针对人工智能算法设计的专用芯片。虽然传统的CPU、GPU也都可以拿来执行人工智能算法，但是这些芯片要么计算速度慢，要么功耗大。这么多缺点使得它们在很多场合是不能用的。例如，自动驾驶的汽车需要人工智能芯片，因为汽车在行驶过程中需要识别道路、行人，以及红绿灯的变化状况，而这些情况有时候是突发的，如果我们利用传统的CPU去做突发路况计算，计算速度将比较慢，很可能绿灯已经变成红灯了，自动驾驶汽车还没有刹车。那么，如果换成用GPU来计算，计算速度确实要快很多，但这个时候的计算功耗会非常大，电动汽车的车载电池无法长时间支撑这个功能，而且大功率芯片会导致车体发热，容易引发油箱自燃。而且，GPU价格昂贵，普通消费者很难买得起这种使用大量GPU芯片的自动驾驶汽车。

2）智能生产

智能生产追求的是用技术手段实现精益生产和资源整合，涉及对目标进行分解、对分解之后的子任务进行综合和集成、将任务进行分配、选择合作伙伴、对生产进度进行监控、对子任务的执行状况及进度进行汇报等环节。在制造过程的各个环节中几乎都广泛应用人工智能技术，且人工智能技术尤其适合于解决特别复杂和不确定的问题。例如，专家系统技术可以用于工程设计、工艺过程设计、生产调度、故障诊断等；也可以将神经网络和模糊控制技术等先进的计算机智能方法应用于产品配方、生产调度等，实现制造过程智能化。例如，在人工智能赋能精益生产的过程中，可以通过在设备中加入深度学习算法以调整焊接参数，从而降低成本，减少开机调试和焊接问题物耗并提升产能。

3）智能服务

智能服务是在先前研究中广泛采用的制造业服务化的基础上有所发展。制造业服务化，或称生产型服务，是指制造业企业在提供产品与附加服务的传统模式之外，通过提供产品的额外服务包来增加核心资产的价值，从而向服务提供者转变。而人工智能技术使得制造业的服务化成为可能。例如，通过对用户的信息、喜好、习惯进行智能分析，实现按需向用户提供个性化的主动服务。此外，企业可以通过模块组件，向合作企业提供技术方案和智能制造方案服务，实现工厂间协同；在软件、设备、物流、组件四个方面通过人工智能技术及信息化手段实现工厂群之间的资源共享和消化产能。

2. 关键治理问题及其根源

工业互联网备受瞩目的原因首先在于其能够通过智能和远程管理来提高生产力和效率。然而，尽管工业互联网能够带来可观的经济效益和社会效益，但该领域的治理问题仍然存在，需要在未来的政策研究中加以解决，其中最为关键的治理问题是安全与隐私。

1）安全问题

安全是工业互联网中人工智能技术应用所面临的首要问题。一般来说，工业互联网是一个资源受限的通信网络，在CPU、内存和能耗方面，轻量级设备之间的通信主要依靠低带宽通道。为此，传统的保护机制（如安全协议、轻量级密码学和隐私保证等）不足以保证复杂的工业互联网系统的安全。因此，在将人工智能技术应用于工业互联网场景中时（尤其是基础设施的建设过程），遭受物理攻击和设备泄露是最需要警惕的风险。通常情况下，对称密钥加密技术可以为工业互联网设备提供轻量级的解决方案。如果使用对称密钥加密，密钥存储和密钥管理都是大问题。如果工业互联网中的一个设备被泄露，它可能会泄露所有其他密钥。公钥加密技术一般可以提供更多的安全功能，并且对存储要求较低，但由于复杂的加密方式，存在着较高的计算开销。因此，降低公钥密码系统复杂安全协议的成本至关重要。

2）隐私问题

除了安全，隐私也是重要的治理对象。人工智能技术应用于工业互联网场景的过程中，涉及的隐私问题有三个方面：第一，如何意识到事物和服务所带来的隐私风险；第二，如何为个人对信息收集和处理的控制划定边界；第三，如何意识到并控制信息随后的使用和传播。上述三个方面的问题的根源在于工业互联网领域隐私的形成过程：一是数据收集的过程，二是数据匿名化的过程。通常情况下，数据收集过程处理的是工业互联网数据收集过程中的可收集数据和对这些数据的访问控制；数据匿名化是通过加密保护和隐藏数据关系来保证数据的匿名性。由于隐私信息的采集和存储受到限制，在数据采集过程中可以保证隐私保护。但是，由于数据匿名化中信息的多样性，通常会采用不同的加密方案，而这将对隐私保护形成重大挑战。同时，在工业互联网场景下，收集到的信息需要在网络内部不同设备之间共享，从而对加密数据的计算和数据匿名化带来了挑战。

第三章

人工智能治理初探：认知逻辑与范式超越①

　　作为当前最具代表性的新兴技术，新兴技术治理范式为人工智能治理提供了最好的借鉴。新兴基础创新与发展是不同时代背景下技术创新所诱致的治理新问题、新情境和新需求的结果。人工智能治理具有清晰的生成逻辑，是人工智能发展的"核心驱动层"推动治理的"环境变革层"，在不同"认知适配层"的规范下而形成不同"治理范式层"的过程。其认知图谱主要表现为技术逻辑、制度逻辑、文化逻辑和资本逻辑，不同逻辑下人工智能治理的议题理解、价值导向、主体关系、路径依赖和工具选择具有差异性，亦各自具有不可回避的理论困境。人工智能的复杂性决定治理需建构包容性框架以实现内生性逻辑与建构性逻辑、一般性逻辑与情境性逻辑的统一。本章构建了基于"共识价值 – 结构要素 – 行业场景 – 微观操作"的人工智能治理综合分层框架，详细阐释了各框架的价值导向、功能定位、治理原则、治理对象、主体间关系结构和工具选择，并揭示了该框架从宏观到微观的维度衍变，从抽象到具体的内容衔接。该框架启示人工智能治理需体现多元认知逻辑的融合，嵌入多样治理范式的协同，实现多维目标系统的平衡。

　　自工业革命以来，人类在技术"器物"层次的颠覆式创新，创造出一系列持续进步的、合目的性的、不可逆转的现代性新图景。人们在迎接技术进步"线性函数"所带来的福祉的同时，也在时刻反思技术创新对人类社会生产生活方式等的"形塑"，并警惕着技术"跃迁"对技术与人、自然、社会

---

① 本章节以笔者已发表论文《人工智能治理：认知逻辑与范式超越》为基础，并进行了相关内容的增删调整。具体请参见：庞祯敬，薛澜，梁正. 人工智能治理：认知逻辑与范式超越［J］. 科学学与科学技术管理，2022，43（09）：3–18.

间模糊关系边界的"僭越"[1]。这使得对技术的现代性旧图景做出一种深远解读、评价与约束，成了人类发展永恒的时代"主题"，就像尼采呼唤"重新评估一切价值"一样，人们寄希望于"重新评估技术的现代性"，并建构一种全新的技术现代性认知体系、评价体系与约束体系，如马克思的"异化劳动理论"、海德格尔的"拜物教"、卢卡奇的"科技理性统治的文化批判"、阿多诺的"技术理性的悲剧辩证法"、哈贝马斯的"技术的意识形态"、贝克的"反思现代性"、布莱恩·温的"内省模型"等。从此，技术的"风险分配逻辑"便很大程度代替"福利分配逻辑"成了技术治理的主导逻辑，包括对技术本身及相关主体行为与影响的风险评估、风险感知、风险规制等。人们不得不基于"本体性安全"和"科林格里奇困境"的忧虑而建构起一套应对技术风险的"集体行动规则"即技术治理体系[2]，因而每一项具有划时代意义的技术创新都会带来技术治理体系的变迁，甚至影响整个社会治理形态的演进。

特别是 20 世纪 90 年代以后，大批新兴技术如基因工程、新材料、新能源、互联网技术、人工智能等的突破式创新，似乎预示着新一轮科技革命的"轴心时代"的来临，人们在接受新兴技术"赋权""赋能""赋智"洗礼的同时，也在积极建构新兴技术治理体系以试图对技术"祛魅"，避免陷入海德格尔所谓的技术"座架"或"拜物教"的陷阱，从而维护人与技术间良善的关系秩序[3]。其中，以人工智能最为典型，近年来，人工智能在知识、技术与应用层面"链式突破"，在促进经济社会发展的数字化转型、撬动新一轮经济增长的同时，也对既有的权力体系、权利结构、利益格局、价值（伦理）秩序造成了冲击，人们不得不在人工智能的繁荣与风险的撕裂中施施而行。不同于其他新兴技术，人工智能具有技术内核的隐秘性、技术形式的拟人性、应用场景的跨域性、利益主体的交织性、技术风险的多维性、社会影响的复杂性等属性，现实中人工智能应用所引发的技术利维坦、数字鸿沟、信息茧房、马太效应、

---

① 庞祯敬."理性 – 制度 – 行动"框架下的转基因技术风险治理模式研究［J］.自然辩证法研究，2021，37（03）：28-34.

② 肖雷波，柯文.技术评估中的科林格里奇困境问题［J］.科学学研究，2012，30（12）：1789-1794.

③ 陈志刚.马克思和海德格尔的技术批判思想之比较［J］.自然辩证法研究，2002（02）：28-30+60.

伦理困境等，则使得人工智能治理成了一项复杂工程。加之，全球化体系中各主要大国以国家力量为"背书"，将人工智能发展与治理不断纳入国民经济和社会发展战略中作考量，并在人工智能技术的创新动能、技术标准、治理规则等方面展开激烈竞争，这无疑将人工智能治理实践推向了一个远离常规的状态。在经验世界中，不同主体基于不同的价值、利益和专业视角，试图清晰刻画人工智能治理的"轮廓"，而认知逻辑的"框架前提"差异则直接决定了人工智能治理的强度、维度和形态的异质性。这种差异不仅是人工智能路径"解方"上的差异，其背后实质是对人工智能本身及其风险与社会影响的复杂因果关系的不同理解。

因此，有必要阐释人工智能治理的生成机理，从认知逻辑视角厘清当前人工智能治理的图谱，剖析其理论病理，并提出人工智能治理框架的范式超越，以实现人工智能的"善治"。

第一节　新兴技术治理的历史

1. 新兴技术治理的理论脉络

从理论溯源看，新兴技术治理理论的演进是新兴技术迭新浪潮下治理新问题、新情境诱致的结果。20 世纪 60 年代，核能、化学等引发的环境问题日益突出，"技术规制和技术评估"（Technology Assessment）成为技术治理的核心范式①。该模式强调以法律规制为核心，通过技术评估为科技政策提供决策依据，本质属于"专家决策模式"②，其中，政治专家与技术专家紧密合作进行技术评估从而决定技术治理的制度安排。然而，随着 20 世纪 80 年代人类对基因的探索打开了制造生命的魔盒，新兴技术风险的不确定性引发了社会的集体焦虑，而一系列频发的科技灾难如欧洲疯牛病危机、切尔诺贝利事件等则进一步消解了公众对"技术精英决策"的"体制性信任"，"技术规制与技术评估"治理模式逐渐式微，预防原则（Precaution Approach）则成为"后常规科学"所

① Baram M S. Technology assessment and social control [J]. Jurimetrics Journal, 1973, 14（2）：79–99.

② Sarewitz D. Anticipatory governance of emerging technologies [J]. The growing gap between emerging technologies and legal–ethical oversight: The pacing problem, 2011: 95–105.

描述的知识残缺、信息残缺、事实残缺情境下新兴技术治理的新路径[①②]，该模式主张在新兴技术风险或损害的因果关系得到科学验证之前应采取积极的预防性政策框架，并保持多元视角讨论的开放性。随着转基因作物商业化，以预防原则为核心的新兴技术治理理论和实践得到了充分讨论和完善。到了20世纪90年代，随着"人类基因组计划"的实施，技术的伦理、社会和经济影响成为讨论的焦点。为弥补"技术评估"的人文缺陷，"伦理、法律与社会影响评估"（Ethical, Legal and Social Implication, ELSI）成了新兴技术治理的"修正机制"[③]，该模式主张将技术更广泛的伦理、价值、法律和社会经济影响纳入技术评估框架，以彰显技术评估的包容性价值，但限于时代背景，ELSI更多地仅停留在倡议层面，未在新兴技术治理实践中得到推广。21世纪初，纳米技术的突破被寄以第四次科技革命的前兆，人们在反思ELSI的基础上提出了预期治理（Anticipatory Governance）的概念[④]，其核心理念在于将评估信息、社会价值、公众意见植入科学研究进程，从而实现早期的"塑造技术"以使新兴技术朝契合人类"道德与福祉"的方向发展。预期治理关注三大问题，即技术预测的不确定性问题、技术决策的民主问题、利益主体的整合问题，预见、参与、整合和整体化是其四大核心要素，代表性观点如建构性技术评估、参与式技术评估、实时技术评估、愿景评估、上游参与、价值敏感设计等[⑤~⑧]。从一定意

① Kaebnick G E, Heitman E, Collins J P, et al. Precaution and governance of emerging technologies [J]. Science, 2016, 354（6313）: 710–711.

② 刘然. 跨越专家与公民的边界——基于后常规科学背景下的决策模式重塑 [J]. 科学学研究, 2019, 37（09）: 1537–1542+1569.

③ Michael J D. What's ELSI got to do with it? Bioethics and the Human Genome Project [J]. New Genetics & Society, 2008, 27（1）: 1–6.

④ Guston D H. The Anticipatory Governance of Emerging Technologies [J]. Applied Science and Convergence Technology, 2010, 19（6）: 432–441.

⑤ Rip A, Schot J, Misa T J. Constructive technology assessment: a new paradigm for managing technology in society [M] //Managing technology in society. The approach of constructive technology assessment. Pinter Publishers, 1995: 1–12.

⑥ Grin J, Grunwald A. Vision assessment: shaping technology in 21st century society: towards a repertoire for technology assessment [M]. Berlin: Springer, 2000.

⑦ Guston D H, Sarewitz D. Real-time technology assessment [J]. Technology in Society, 2002, 24（1）: 93–109.

⑧ Wynne, B. Risk and Environment as Legitimatory Discourses of Technology: Reflexivity Inside Out? [J]. Current Sociology, 2002, 50（3）: 459–477.

义上讲，预期治理某种程度确立了"开放性科学研究"的进步理念，促进了技术与社会共同演化的本体论的发展，但由于纳米技术本身未如愿实现革命性的产业更新，人们也开始反思新兴技术发展过程中治理与创新的辩证关系。于是，2010 年前后，"负责任研究与创新"（Responsible Research and Innovation, RRI）的理念应运而生，并被"欧盟 2020 框架计划"所采纳，结合合成生物学研究的应用场景，RRI 成为欧盟话语体系下新兴技术治理的"主流范式"①。从内涵看，RRI 强调从传统以风险议题为核心的技术治理模式走向对创新行为的责任塑造的范式，包含科技创新的包容性意图、科技创新的制度性回应、科技创新的公共责任重塑、公众参与科学的确立。近年来，一些新的技术治理理念如"实验性治理"（Tentative Governance）②、适应性治理（Adaptive Governance）③、"敏捷性治理"（Agile Governance）④ 得到了有益探讨，但尚未形成完整的理论框架。

2. 人工智能治理研究脉络

新兴技术治理理论的拓展与创新为人工智能治理研究提供了理论资源，总结目前人工智能治理研究的图谱，主要集中在总体框架、场景生态、数据算法、应用案例等四个层次。

从总体框架看，现有研究侧重于从"理论基础"视角、"主体－对象－价值－规制－效果"的要素结构视角、"风险－利益－伦理－权力－权利"的社会影响视角建构人工智能治理的层次和框架。第一，基于理论基础的人工智能治理框架研究，研究主要以新兴技术治理理论的缘起、创新、改进、拓展为主线，将人工智能治理议题嵌入已有理论框架，或从现有理论中提取某些有益元素并将其映射在人工智能治理的分析"域场"，以提供人工智能在产生、应用和发展中滋生问题的化解路径，力图做出一些"重释性"的框架探讨，如"技

---

① Owen R, Macnaghten P, Stilgoe J. Responsible research and innovation: From science in society to science for society, with society [J]. Science & Public Policy, 2012, 39（6）: 751-760.

② Lyall C, Tait J. Beyond the Limits to Governance: new rules of engagement for the tentative governance of the life sciences [J]. Research Policy, 2019, 48（5）: 1128-1137.

③ 张乐. 新兴技术风险的挑战及其适应性治理 [J]. 上海行政学院学报, 2021, 22（01）: 13-27.

④ 薛澜, 赵静. 走向敏捷治理: 新兴产业发展与监管模式探究 [J]. 中国行政管理, 2019（08）: 28-34.

术维 – 市场维 – 伦理维 – 社会维”的人工智能创新治理框架①，"识别 – 协商 –
整合"的人工智能公共价值实现路径②，"价值敏感设计 – 透明度设计 – 道德
学习设计"的人工智能预期治理框架③，面向技术发展的人工智能弹性治理框
架④。第二，基于要素结构的人工智能治理框架研究，研究侧重于以实践理性
对人工智能治理所关涉的主体关系、客体画像、工具集合、价值选择、绩效
评价等进行范围划定，并以此建构人工智能治理的层次性框架，如"社会领
域 – 技术领域 – 长期领域"的人工智能治理领域层次框架⑤，"近期的技术与
算法 – 中期的伦理与价值 – 长期的社会与法律"的人工智能治理周期层次框
架⑥，"技术、服务与应用层 – 挑战层 – 规制过程层 – 公共政策层 – 合作治理
层"的人工智能治理综合分层框架⑦。第三，基于社会影响的人工智能治理框
架研究，研究侧重于从人工智能应用赋能所产生的社会影响的视角，基于"风
险 – 利益""权力 – 权利""伦理 – 道德"的核心面向，探讨人工智能应用所
派生的社会影响的基本形态、发生逻辑、差序格局及治理路径，如基于"设
计 – 实验 – 推广 – 使用"技术阶段的人工智能伦理治理框架⑧，人工智能伦理
风险协同治理框架⑨；人工智能技术差序赋权治理框架⑩，人工智能风险善治框

---

① 梅亮，陈劲，吴欣桐.责任式创新范式下的新兴技术创新治理解析——以人工智能为例［J］.技术
经济，2018，37（01）：1–7+43.

② 刘宝杰.价值敏感设计方法探析［J］.自然辩证法通讯，2015，37（02）：94–98.

③ 孙福海，陈思宇，黄甫全，等.道德人工智能：基础、原则与设计［J］.湖南师范大学教育科学学
报，2021，20（01）：38–46.

④ 刘露，杨晓雷，高文.面向技术发展的人工智能弹性治理框架研究［J］.科学与社会，2021，11
（02）：15–29.

⑤ 汪亚菲，张春莉.人工智能治理主体的责任体系构建［J］.学习与探索，2020（12）：83–88.

⑥ Urs，Gasser，Virgilio，et al. A layered model for AI governance［J］. IEEE Internet Computing,
2017，21（6）：58–62.

⑦ Wirtz，B. W.，Weyerer，J. C.，& Sturm，B. J. The Dark Sides of Artificial Intelligence：An Integrated AI
Governance Framework for Public Administration.［J］. International Journal of Public Administration,
2020，43（9）：818–829.

⑧ 王钰，程海东.人工智能技术伦理治理内在路径解析［J］.自然辩证法通讯，2019，41（08）：
87–93.

⑨ 谭九生，杨建武.人工智能技术的伦理风险及其协同治理［J］.中国行政管理，2019（10）：44–50.

⑩ 王磊.参差赋权：人工智能技术赋权的基本形态、潜在风险与应对策略［J］.自然辩证法通讯，
2021，43（02）：20–31.

架体系①。

从场景生态看，研究侧重于从微观的"公众－个人"、中观的"组织－行业"、宏观的"国家－社会"三个层次的应用场景②，探讨人工智能社会影响的基本样态，及控制、回应、适应这些影响的法律、政策、规范、制度、标准等工具选择的场景适应性和组合适应性。第一，微观"公众－个人"场景下的人工智能治理研究，研究主要从"技术与人"互动的视角，探讨生物识别、人机融合、智能检索、推荐算法等人工智能技术应用于安全验证、家居照顾、商业服务、文娱活动等领域对公众、个人产生的影响，如数字鸿沟、信息茧房、隐私侵权、算法歧视等，并提出消除这些潜在风险的救济性治理机制。第二，中观的"组织－行业"场景下的人工智能治理研究，研究集中于从技术与组织互动的视角，探讨人工智能技术应用于教育、医疗、交通、金融等行业所带来的组织与行业的形态重塑、架构变革、分工与责任重构、目标与任务再造、运营模式变迁、规约与权力调整等影响，并据此提出一些适应性的治理机制。第三，宏观的"国家－社会"场景下的人工智能治理研究，研究倾向于从技术与社会互动的视角，探讨具备全要素控制功能的人工智能平台中枢应用于应急管理、城市治理、公共服务、宏观调控、公共参与等领域所带来的对国家与社会治理方式的全局性、系统性变革和影响，并以此提出一些修正性的治理机制。

从数据算法看，研究侧重于从人工智能技术的两大基石即数据与算法的视角，探讨人工智能技术本身所包含的风险及其治理路径。一是数据治理视角下的人工智能治理研究，研究主要探讨数据收集、存储、汇集、利用、流动过程中数据的本质属性、权属界定、权利保护、信息安全等，并据此提出与人工智能数据相关的程序规则、法律法规、价值倡议、伦理规范、自律宣言等。二是算法治理视角下的人工智能治理研究，研究主要探讨算法研究、设计、开发和应用过程中，因算法本身的"黑箱"、易扩散性、自我强化性等特征所带来的潜在风险，并以此提出算法治理的理念、目标，及相关技术标准、政策法

① 唐钧.人工智能的风险善治研究［J］.中国行政管理，2019（04）：46-52.

② 苏竣，魏钰明，黄萃.基于场景生态的人工智能社会影响整合分析框架［J］.科学学与科学技术管理，2021，42（05）：3-19.

规、监督体系、自律原则。

从应用案例看，研究主要是从"区域案例"和"场景案例"的视角，基于不同维度建构分析框架，采用一般静态分析或对比分析的方法，总结出一些具有典型性的人工智能治理模式。第一，区域案例视角下的人工智能治理模式研究，一方面，研究从区域对比的视角（通常是中国、美国、日本、欧洲国家间对比），从价值导向、主体关系、工具选择等单一维度或多维度综合观察不同国家或地区间人工智能治理的差异性，以此提炼出一些普遍性的启示；另一方面，研究从单一区域案例深描的视角，通过建构多维分析框架解构人工智能治理体系所蕴含的思想、原则、方法和制度，并据此得出一些有益的经验。第二，场景案例视角下的人工智能治理模式研究，研究主要选取某一特定人工智能实践场景，对人工智能的社会影响及其治理机制的生成逻辑和过程进行"全景式捕捉"，并总结出一些具有实践推广意义的新框架。

3. 文献评述

综上可知，新兴技术治理理论的缘起、创新、改进与拓展是不同时代背景下技术创新迭代的自然演进结果，并为智能时代人工智能治理提供着丰富的理论营养。现有人工智能治理研究主要集中在总体框架、场景生态、数据算法和应用案例四个方面，对指导人工智能治理实践，丰富新兴技术治理理论具有重要意义，但现有研究侧重于"解方"视角下人工智能治理的路径选择，并未深刻揭示人工智能治理的生成逻辑及其背后蕴含的认知逻辑差异，更未提出调和不同治理路径矛盾的超越性方案，以获取更加包容性的研究视野。因此，本研究试图在阐释人工智能治理生成机理的基础上，解构技术逻辑、制度逻辑、文化逻辑、资本逻辑下人工智能治理的路径选择和理论病理，并建构基于"共性价值 – 结构要素 – 行业场景 – 微观操作"的人工智能治理综合分层框架，试图做出一些有益探索。

第二节　人工智能治理的生成逻辑

人工智能治理的生成逻辑具有复杂的"结构线 – 内容线 – 故事线"的层次性，并呈现出"核心驱动层 – 环境变革层 – 认知适配层 – 治理范式层"的衍生机理。具体而言，它是人工智能知识创新、技术跃迁、产品应用和场景赋能诱发新的治理问题、治理情境、治理需求，并在不同技术逻辑、制度逻辑、文化逻辑、资本逻辑等认知框架的规范下，形成的对人工智能治理议题理解、价值导向、主体关系、路径依赖、工具选择的不同范式（图 3.1）。

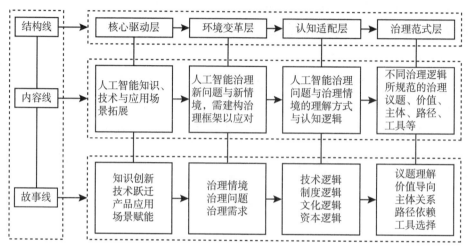

图 3.1　人工智能治理的生成逻辑

资料来源：作者自制。

从核心驱动层看，自 20 世纪中叶 "人工神经元网络" 概念和 "图灵测试" 设想提出以来，人类对人工智能的探索经历了从构想到理论再到应用的过程，且随着多次技术迭新浪潮而形成了人工智能多样化的技术支撑，并最终使人工智能在知识端、技术端、产品端、场景端成了一个包容性极强的概念。特别是基于深度学习的第三次人工神经网络浪潮以来，人工智能在数据、算法、算力层面的全位覆盖、高效复制、多源异构[1]，及其催生出的诸多新产业、新服务、新业态和新模式，业已成为经济社会数字化变革的核心动力，似乎预示着智能时代大门正缓缓开启。

从环境变革层看，人工智能在知识、技术与应用层面的拓展具有渗透性

---

① 姜李丹，薛澜，梁正.人工智能赋能下产业创新生态系统的双重转型［J］.科学学研究，2022，40（04）：602–610.

强、复杂度高、突破力大的特征 ①。它在推动多要素汇集、多主体交互、多样态融合的同时，也在形塑着人工智能治理的新情境、新问题和新需求。首先，在治理情境层面，人工智能治理新情境具有四大特点：第一，私域性，即人工智能的研发环境和应用场景具有一定的隐秘性和不透明性，因此其风险和社会影响具有极强的不确定性；第二，动态性，即人工智能快速迭新及其所带来经济社会变革的"链式突破"，使其治理情境处于动态变化中，需前瞻的预见性治理机制加以应对；第三，拟人性，即人工智能天然有着"辅助人类、增利人类、关怀人类"的技术理想，其治理情境蕴含着复杂的伦理、道德和价值边界的判断；第四，跨域性，即人工智能技术的风险和社会影响具有跨时空、跨领域的关联性。其次，在治理问题层面，人工智能治理的新问题兼具内生性和建构性，作为一种客观存在，人工智能风险是人工智能技术本身的不确定性、不稳定性和脆弱性的内生产物，但作为一种社会构想，人工智能的社会影响是通过特定社会情境而建构起来，并与社会多元利益诉求、价值体系、制度规则等复杂交织。最后，在治理需求层面，人工智能治理的新情境、新问题的开放性和延展性，超越了传统基于科层制和行为因果推论的治理结构、治理方法的范畴，其治理实践需实现从下游治理向过程治理、专家权威向包容社会、被动应对向主动塑造、静态管理向动态治理、单一工具向复合工具的转变。

　　从认知适配层看，不同主体对人工智能治理问题、治理情境、治理需求有着不同的理解方式，具有代表性的认知逻辑包括技术逻辑、制度逻辑、文化逻辑和资本逻辑，它在人工智能治理生成机理中居于核心地位，是不同主体概括人工智能治理"图谱"的"简化机制"，本质是关注不同社会系统之于人工智能治理存在的意义，并从不同社会系统中抽取有益元素，为优化人工智能治理提供"药方"。可以说，不同国家、地区、主体间人工智能治理路径的非平衡性，其背后反映的是关于人工智能治理认知逻辑的非协调性，如技术专家恪守知识的合法性，政策专家坚持制度供给的有效性，社会组织强调文化价值的"最大公约数"，市场主体呼吁市场需求的优先地位。

　　从治理范式层看，不同主体遵循的认知逻辑的差异，直接决定了人工智

① 姜李丹，薛澜，梁正.人工智能赋能下产业创新生态系统的双重转型［J］.科学学研究，2022，40（04）：602-610.

能治理模式的差异，即不同的认知逻辑直接约束着对人工智能治理议题、价值导向、主体关系、路径依赖和工具选择的不同理解，它是关于人工智能"知识－利益－价值"的分配方案。首先，它是不同主体在技术不确定性下对人工智能风险知识的界定方案，并以此判断人工智能社会影响的形式和边界。其次，它是不同主体关于人工智能利益分配的方案，并以此维持均衡的社会利益格局。最后，它是不同主体关于人工智能价值的选择方案，并以此维系社会整体伦理、道德、信念的平衡状态。

第三节　人工智能治理的认知图谱

本节试图从技术逻辑、制度逻辑、文化逻辑、资本逻辑四种视角，全面阐释当前人工智能治理的认知图谱，厘清不同逻辑下人工智能治理议题理解、价值导向、主体关系、路径依赖和工具选择的差异性（图3.2）。

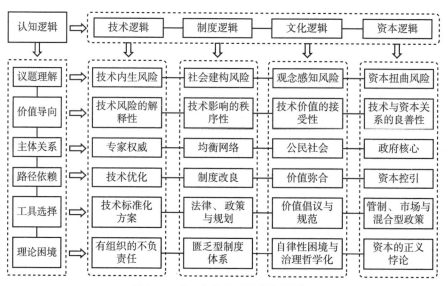

图3.2　人工智能治理的认知图谱

资料来源：作者自制。

1.技术逻辑下的人工智能治理

技术逻辑试图从"技术内生的风险"角度理解人工智能治理的议题，即强调人工智能技术本身的不确定性、偏差性和脆弱性是诱发一切治理问题的根源。人工智能是以算法为基础，以数据为支撑，具有感知、推理、学习、决策等思维活动并能够按照一定假设目标完成相应行为的计算机系统[1]，基于机器学习的算法本身的"黑箱"特性，及数据偏失"喂养"下算法的"自我强化困境"和"扩散性"所导致的系统性安全问题是一些治理问题的源头。技术逻辑下的人工智能治理蕴含着一种"技术决定论"的精神气质，并试图将人工智能治理简化为一个"技术问题"，即技术风险"概率"的科学预测、计算、评估和控制。技术逻辑具有"超验理性"的价值负载，其最终目标是通过循证的"技术路线图"优化即完全实现人工智能技术的"可解释性"来刻画一个至善至美、无懈可击的人工智能技术安全光环，建立一个精密的、没有任何缺陷的人工智能技术世界。

在治理的主体关系阐释上，技术逻辑坚持"知识合法性"和"专家权威"的取向，强调让人工智能治理的话语体系回归专业域场，技术专家具有知识优势和技术风险识别、研判能力，应成为人工智能风险定量运算、精确预测和有效控制的主导力量，在整个人工智能治理的主体关系结构中具有核心地位。技术逻辑强调人工智能技术风险评估的客观性，技术风险数据应取自研究开发、设计制造、部署应用的第一线场景，采用标准化方法和程序收集、整理和处理数据，并对数据结果进行对比而形成技术优化方案并将其标准化，而其一些非科学的社会性知识的考量应得到简化。

在工具选择上，技术逻辑下人工智能治理试图通过"技术标准化方案"达成管理无失误、设备无漏洞、算法无缺陷、数据无偏失的"技术无害化"的理想状态。首先，通过制定技术标准划定人工智能技术安全的"基线"，以降低算法偏离预期的概率。其次，通过建构人工智能硬软件的安全测试程序和标准，实现防堵技术风险的"关口迁移"，以降低算法训练过程中因"数据噪音"和"环境突变"所带来的技术风险。最后，通过建立技术防御和应急处置标准，实现人工智能技术风险"防火墙"，以减弱因运行故障和数据泄露引发的技术风险的跨域扩散。

---

[1]　贾开.人工智能与算法治理研究［J］.中国行政管理，2019（01）：17–22.

技术逻辑下的人工智能治理也面临着其不可回避的理论困境。技术逻辑揭示了人工智能技术风险的内生性及其在整个治理链条中的优先地位,并以"技术标准化方案"作为治理的工具选择,但人工智能在研发攻关、产品应用和产业培育上的同步推进,创新链和产业链的深度融合,技术供给端和市场需求端的互动演进,不仅使得技术风险的定位和识别变得越来越困难,而且在此背景下技术的标准化方案也容易导致因技术风险归属分散、交织、模糊所带来的责任补偿缺位,即"有组织地不负责任"(Organized Irresponsibility),并容易将人工智能风险的认知滑向浅尝辄止的"风险现象",而忽视了技术风险背后深刻的社会、政治、文化等意义。

2. 制度逻辑下的人工智能治理

不同于技术逻辑强调技术风险的内生性,制度逻辑则企图从"社会建构的风险"的视角来理解人工智能治理的议题,强调人工智能风险不仅是与概率、实验、评估相关的科学问题,还是一种社会建构的,并内化于社会制度体系中的社会问题。制度逻辑将人工智能风险界定在由社会制度所支撑的社会情境中,并将其定义为一种正在出现的社会结构功能的失灵或社会秩序系统的紊乱,如权力、权利、利益的分配格局的失序。制度逻辑利用"社会决定论"的话语体系将人工智能风险的描述为现代性成熟的副产品,并试图在"制度失范 – 制度改良 – 制度规范"的周期规律中实现人工智能社会影响的秩序性,即人工智能技术的创新产生于一定的政策、制度、法律等社会情境之中,并对既成的合理秩序造成冲击,新的治理问题给制度性结构的调整创造了必要性,人们对原有"制度箱"进行调整、重组或修正,从而形成与人工智能治理新问题相匹配、与治理新需求相吻合的新制度体系。

在人工智能治理实践中,制度逻辑对人工智能治理问题的具有强烈的社会理性和民主化治理认知取向,并倾向于建立起多主体协同的"均衡网络"关系结构,各主体以"相互信任"为基础发展出更具一致性与包容性的制度框架,包括制度的协商、决策、咨询、监督和评估等。具体来说,政府、科学、市场、公众与社会间的关系结构为"等距"状态,不存在强弱主次之别,各主体间以"平等之姿态"共同处理人工智能治理中的冲突性目标、风险不确定性等问题。其中重点在于,在人工智能治理相关制度决策过程中如何做到"知识性""工具性""价值性"相结合的决策原则，同时将具有专业知识的技术专家、具有政策经验知识的政治专家和具有社会知识的公众纳入制度过程，采取知识互动、政治互动、社会互动等手段以实现制度体系的合理性。

从治理工具看，制度逻辑试图以"规划、法律、政策"的形式将人工智能治理纳入整个国家治理体系，通过多元主体互动建构起一套人工智能治理的共识性制度方案，以减少人工智能治理复杂性。其中，用规划引导人工智能创新动能的正确方向，用法律规范人工智能应用过程中的权利/权利秩序，用政策调节人工智能发展中的利益格局。该方案具有普遍性和强制性，即该制度方案是多元主体集体偏好、态度的体现，在人工智能治理实践中具有强制性和普遍指导性。

在人工智能治理实践中，制度逻辑反对市场端实用主义地接受现实、技术端盲目的"技术乐观主义"及道德上的"技术怀疑主义"，主张以积极的"卷入式反应"，采取改良主义的"现代性反思"建构制度体系以实现人工智能的"善治"。但制度逻辑也面临其不可回避的理论病理，当用一种制度结构替代另一种制度结构来应对当代失去结构意义的风险情境时，如何在日益复杂的人工智能治理情境中超越"匮乏型的制度体系"是永恒的理论断点。人工智能所具有的多样性的技术支撑、应用场景的"链式突破"及社会影响的"无序传导"，使其治理情境具有高度的动态性和系统性，这要求人工智能治理必须建立在充分敏捷性、包容性和预见性的制度框架基础上。然而，现实中基于"科层制"和"行为因果"的治理结构和方法则难以达成如此"宽域"的制度目标，其结果只能是渐变式微进化与跃变式大进化交替的"间断均衡"，其被动适应性远大于主动前瞻性。

3. 文化逻辑下的人工智能治理

文化逻辑试图从"观念感知风险"视角来理解人工智能的治理问题，强调人工智能治理问题中"人机关系"维度的特殊性超越了传统"人与自然、人与社会"关系的讨论范畴，不适合"成本－收益"的解释范式，其本质属于不同文化观念、价值体系、意识形态的"分裂"，因此，人工智能风险具有文化异质性和不可计算性。文化逻辑十分突出共享性文化、价值和观念对人工智能风险认知的建构功能，认为文化是主体的关于某种事物意义的"综合判断"，是一种稳定的"倾向或态度"，人们在不同的社会生产生活环境的变化中不断积累、修正、完善自身的文化认知框架，以应对风险的不确定性。从这个角度讲，人工智能风险在概念阐释上的竞争性实际上是文化认知体系的"框架前提"差异，不同的主体都试图通过建构符合自身文化自觉"坐标"的人工智能风险定义来保护自己，而这些界定并不是依赖知识的多寡和制度差异，如不同国家对隐私的文化敏感性差异，是影响人工智能社会可接受度的重要因素。

文化逻辑重视通过弥合文化分裂、创造价值共识等对人工智能治理的积极意义，并十分警惕人工智能发展对人类良善价值的僭越，主张在信任的基础上通过互动与理解达成对人工智能伦理、道德、意义等的"最大公约数"认知，从而约束人工智能朝着符合"技术人道化"方向发展，以实现人工智能技术的可接受性。文化逻辑强调公民社会力量在人工智能治理中的积极"戏份"，并尽力避免科学优先、利益平衡等"理性主义"的标签，及任何具有"精英主义"色彩的治理路径。在治理工具上，一系列普遍性的价值倡议（如公平、公正、透明、安全、可持续发展等）和工具性的伦理道德规范与标准是文化逻辑下人工智能治理的天然选择，并积极发展配套的具有"价值指导、道德审查、伦理仲裁"等色彩一些制度安排与设计，如"中国新一代人工智能治理八大原则""阿西洛马人工智能23条原则""负责任地发展人工智能蒙特利尔宣言""中国新一代人工智能治理专业委员会"等。

文化逻辑下的人工智能治理是一个长期而复杂的社会互动过程，需要社会充分的"理性"和"智慧的光芒"，在这一过程中极容易陷入"自律性困境和治理哲学化"的泥淖。布尔迪厄把科学视为一个具有一定结构、汇聚各种力量、充满博弈且具有相对自律性（具有自身逻辑和必然性的客观关系）的"科学场域"，然而科学场域内三螺旋式的权力结构，即经济利益的诱导、政治联盟的强势和制度化科学资本的施压，在价值倡议与伦理规范不具强制性的"软约束"条件下，有可能挤压和破坏人工智能科学域场的自律性。而且，文化逻辑所内含的"去精英化"的人工智能治理路径，可能会因公民社会力量的"专业残缺"而缺乏实现治理理想的"抓手"，文化逻辑将充满偶然性的文化因素观察视为人工智能风险生成的必然性因素，这使人工智能风险披上了一层朦胧面纱，有可能导致人工智能治理走向神秘化、哲学化的"形而上学"讨论。

4. 资本逻辑下的人工智能治理

与建构主义思潮对现代性的批判、解构不同，资本逻辑试图从反思"福特主义"视角将现代性风险界定为现代生产方式的产物，并通过各种"保险"形式被彻底商品化而根植于社会场景中。因此，资本逻辑常以"资本扭曲的风险"来理解人工智能治理问题，强调资本的扩张特性会裹挟人工智能的"技术中性"而使其沦为资本逐利和增值的工具。在这一过程中，人工智能的科学理性退化为单向度的"工具理性"，工具理性对价值理性"拒斥"使得人工智能逐渐演化为一种"手段"和"目的"，如海德格尔所谓的"座架"或"拜物教"的"陷阱"一般[1]，人类社会的一切约定俗成的制度规制、伦理道德在资本的"抽象权力"面前失去应对功能，人工智能的公义性成为"残缺"的幻想。

资本逻辑试图通过重塑"技术与资本关系的良善性"将人工智能拉回"以人为本"的轨道，资本逻辑下的人工智能治理十分强调通过"资本控引"入手，根除资本"以我为中心"的强制逻辑和同化倾向，防止人工智能异化为"数字资本主义"的底层技术逻辑从而侵蚀技术创新带来的正义性价值[2]。其中，政府在整个治理主体的关系结构中居于核心地位，并以公共利益为基础承担资本的权威价值界定与分配的职责，政府规定并控制人工智能创新链和产业链中资本运行的内涵、原则、方式和范围，政府以宏观视野、整体考虑、系统思考和大局把握为原则，对人工智能治理所涉及资本的复杂问题、变革时机、策略选择和力度把握进行前瞻了解，并不失时机地通过"管制型、市场型、混合型"的政策设计将某种资本的"尺度"理念传达给社会，形成一条完备的政策工具链条，其中"透明化、反垄断"是重点。

资本逻辑摒弃了"技术乌托邦"和"制度改良主义"的美好梦想，主张

---

① 刘召峰. 拜物教批判理论与马克思的资本批判 [J]. 马克思主义研究，2012（04）：60-67+159.

② 余斌. "数字劳动"与"数字资本"的政治经济学分析 [J]. 马克思主义研究，2021（05）：77-86+152.

根除资本的"非正义性"以实现人工智能的良好治理。但资本逻辑也面临其固有的理论困境，如何平衡资本价值增值的"非正义性"与资本创新赋能的"正义性"是其理论痛点，即资本的"正义性"悖论。一方面，资本作为一种现代性的"抽象权力"，其追求效用原则和价值增值是其本质属性，正如马克思所言，"资本的合乎目的的活动只能是发财致富"。因此，资本驱使下的人工智能创新有可能成为"数字正义"退场和"算法霸权"登场的"实验基地"，镶嵌着"非正义性"的资本力量利用人工智能对信息的垄断、对数据的控制、对算法的驾驭，则有可能成为催生"数字资本主义"的工具①。但另一方面，如果从人类生产力进步和社会形态变迁的大历史观看，资本也必然包含着人类文明"促进派"的底色，资本不仅包含逐利性的"枪与火"，也蕴藏着文明助推器的"光和热"。人工智能作为引领未来科技革命和产业变革的颠覆性技术，资本的"正向激励"无疑是人工智能技术持续进步的推力，资本的增值预期为人工智能的技术创新与场景赋能提供了所需的技术资本、商业资本和金融资本，并成为提升社会生产力、改造社会生产关系、促进人类进入更高级的"数字社会"形态的催化力量。因此，在人工智能治理中，如何在限制资本无限逐利对社会正义的侵蚀的同时，更好地释放资本的"创新激励"动能是一个难题，这需要成熟的"经济理性"和"政治智慧"的光芒。

第四节 人工智能治理的范式超越

从经验世界观察，人工智能治理实践具有深刻的认知逻辑分异，技术逻辑、制度逻辑、文化逻辑和资本逻辑基于不用价值立场来诠释人工智能治理的问题与情境，并给出人工智能治理的"解方"，其理论轮廓与传统科技治理生成机理解释的"四大流派"（功能主义、组织生态、观念建构和利益竞争）有些许相似之处，并兼具传统理论框架的"旧病理"和人工智能情境下的"新困境"②。区别于其他新兴技术，人工智能具有技术支撑的多样性、技术

---

① 刘顺.资本逻辑与算法正义——对数字资本主义的批判和超越［J］.经济学家，2021（05）：17-26.

② 薛澜，俞晗之.迈向公共管理范式的全球治理——基于"问题—主体—机制"框架的分析［J］.中国社会科学，2015（11）：76-91+207.

应用的通用性和技术影响跨域性，这本身就使人工智能治理成了极其复杂的系统工程。新治理对象（数据、算法与平台）的涌现、智能时代传统伦理与新道德的张力及数字治理需求下科层结构的"失灵"，使得人们在人工智能的发展与治理的平衡上、治理工具与治理边界的把握上、治理主体关系的建构上艰难地抉择，并在治理实践中呈现出了"价值问题"与"边界问题"的治理焦点之论，"实践理性"与"道德理性"的治理理念之争，"结果主义"与"未来主义"的治理范式之较，及"风险可接受性"与"利益可接受性"的治理标准之辩。

因此，人工智能治理需转化认识视角，亟待用更具包容性的框架来实现"内生性逻辑"与"建构性逻辑"，"一般性逻辑"与"情境性逻辑"的统一，通过建构全景式治理框架以获得"既见森林，又见树木"的治理效果。基于此，本研究在对前人成果批判性继承的基础上，提出了一个人工智能治理综合分层框架（图3.3），该框架内含从宏观到微观的维度衍变，及从抽象到具体的内容衔接。在治理维度上，该框架将人工智能治理划分为了层次衔接的四个子框架，分别为共性价值框架、结构要素框架、行业场景框架、微观操作框架。其中，共性价值框架是整个治理框架的"根基"，它划定了人工智能治理最宏观的基本价值元素，指明了人工智能治理的"终极理想"，在整个治理框架中起着统领性的作用；结构要素框架是对共识价值框架的"具象化"执行，它居于宏观与中观的廓廓区域，介于价值层与实践层的过渡地带，是整个治理框架的"树干"，起着提纲性的作用，次级治理框架皆以它为依据，并完全服从于它的朴素意涵和目标导向；行业场景框架是对结构要素框架的"分类式""精细化"的表达，它是中观层面的、情境化的治理层次，是整个治理框架的"枝体"，在某种程度上代表了整个治理框架着力的"实践范围"；微观操作框架是行业场景框架的"工具化"展示，是整个治理框架的"枝叶"和"最接地气"的层次，整个治理框架的意义能否实现或实现程度的高低完全依赖微观操作框架精准性和完整程度。在治理内容上，该框架从价值导向、功能定位、治理原则、治理对象、参与主体、工具应用六个方面，全面解构不同治理维度下人工智能治理的理念、主体、客体和工具的"全貌"。

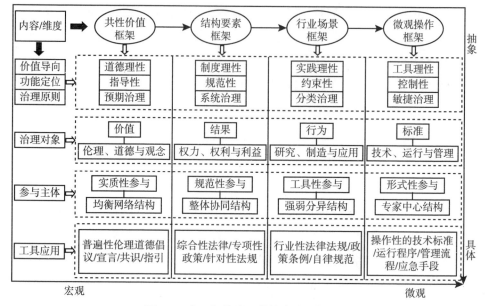

图 3.3　人工智能治理的综合分层框架

资料来源：作者自制。

　　首先，共性价值框架。在人工智能治理实践中，共性价值框架需以"道德理性"为价值导向，各主体根据自身的道德推理确立用以约束自己人工智能相关行为的伦理准则、道德规范和价值理念，并凝结为集体性的价值规则。正如《道德本质论》所述之"道德理性对个人意向与欲望的把握，是通过把社会的或集体的道德价值用道德规范的形式明确肯定下来，从而使之成为一种个人所感受得到的约束力量而实现的"[①]。共性价值框架需以"预期治理"为原则，采取"塑造技术"的积极姿态，提前将集体性的伦理道德考虑植入人工智能发展中。在这一过程中，各个主体如政府、研发者、企业、社会组织、公众等需保持互动协商和开放合作，建构"均衡网络"的主体间关系结构。其中，公民社会需扮演"实质性参与"的角色，在技术端、政府端、市场端和社会端，分别建构以负责任创新、公共价值、社会责任和公民社会共识为核心内容的人工智能伦理道德规范体系，并以伦理道德倡议、宣言、指引、共识等工具形式，将和谐友好、公平公正、包容共享、尊重隐私、安全可控、责任共担、开放协

---

① 杨宗元.论道德理性的基本内涵［J］.中国人民大学学报，2007（01）：85-90.

作等人工智能伦理道德原则确定化，以实现对人工智能治理的价值"指导性"的功能定位。

其次，结构要素框架。结构要素框架是以算法、数据、资本为载体，将共性价值框架所内含的抽象性伦理道德观念，转化为以权利、权力和利益等结果形式为规制对象的治理框架。结构要素框架需以"制度理性"为价值导向，通过合理性的法律、政策、条例设计，建构一套人工智能发展中社会成员共同遵守的、按一定程序运行的规程或行动准则，并充分利用制度的反思、调节、创新功能，规范人工智能嵌入社会场景所带来的各主体间的权利关系、权力结构和利益格局，以维持一个"秩序化"的社会运行状态。结构要素框架需将"系统治理"奉为治理原则，把人工智能视为一个数据、算法、资本等人机要素深度融合的社会系统，通过建立"综合－分类"式的法律政策体系以框定人工智能发展的正确方向。在此过程中，治理主体需建构"整体协同"的主体间关系结构，技术专家、政治专家和公众必须被同时纳入制度建构过程，并采取多形式的知识互动、政治互动、社会互动等协商手段以实现人工智能治理的合法性。其中，公民社会力量需被赋予"规范性参与"的角色，通过界定公众在人工智能数据、算法和资本议题上应有的权利与义务清单（如获得信息与知识、参与协商、保证知情、限定集体与个人的危害总量等权利；学习人工智能知识、参与讨论、运用知识、公民品德等义务）来实现人工智能治理过程中普遍性的公平、正义、民主等价值。在实践中，针对一系列人工智能数据、算法和资本等共性问题，以底线"规范性"为功能定位的综合性法律、专项性政策和针对性法规是结构要素框架应有的工具选择，如综合性的资本管理条例、个人信息保护法、人工智能发展规划和网络安全法；专项性的人工智能算法、数据与资本政策指导意见和法规等。

再次，行业场景框架。行业场景框架是以人工智能赋能的应用场景为依据，将共性价值框架和结构要素框架所要求的价值规范和秩序要求寓于不同人工智能行业场景（如生物识别、精准医疗、自动驾驶、智慧城市、工业大脑、数字政府等），并以具体的人工智能行为活动为规制对象的治理框架，如人工智能的研究开发、设计制造、部署应用等。这要求行业场景框架下的人工智能治理需以"分类治理"为圭臬，根据人工智能赋能的不同对象（如赋能于公众与个人、产业与组织、国家与社会）及其风险发生概率和严重程度的不同象限，针对个性问题形成专门治理规则，不同的行业场景的实施治理的强度和维度应因地制宜，避免一刀切。因此，行业场景框架必须是"实践理性"的践行者，需摒弃一切问题与方法的预设，坚持从人工智能发展的一线场景中发现问题、分析问题和解决问题，不失时机地创造、修正、完善不同应用场景下人工智能相关行为的行业性法律法规、政策条例和自律规范，以实现人工智能治理的行为"约束性"功能定位，如针对自动驾驶的汽车数据安全管理规定；针对人工智能赋能公共治理的政务信息资源共享管理办法、公共数据开放与安全管理条例；针对人脸识别的相关数据收集、储存、训练、流动；中国信息通信研究院倡议成立的"可信人脸识别守护计划"等规范。行业场景框架的繁杂性使得建构"均衡或协同"的治理主体间的关系结构面临技术难题，公民社会力量因"知识残缺"和"有限精力"难以深度介入具体的人工智能应用场景，因此，"政府－市场－技术"端的强度关联与公民社会的"工具性参与"是较为理性的选择，即将公众参与行业场景框架下的人工智能治理的目的不在于实现规范意义下的公平、正义、民主等价值和实质意义下的评审、决策、监督等权力，而在于通过公众参与彰显各主体间的信任关系以有利于人工智能治理目标的实现。

最后，微观操作框架。微观操作框架是以人工智能具体技术、产品（硬件和软件）、服务为载体，对行业场景框架所要求的行为规范进行标准化操作的治理框架，它要求以"工具理性"为价值导向，强调定量运算、精确预测和有效控制等方法的确定性，强调通过建立各种研究设计标准、技术安全标准、运行程序标准、管理流程标准、应急处置标准等工具，来达到减低风险概率、降低后果严重性及实现良善价值的目的，如我国出台的《无人驾驶航空器系统标准体系建设指南》《智能网联道路系统分级定义与解读报告》《信息技术生物特征识别应用程序接口》《公共安全人脸识别应用图像技术要求》《公共数据开放技术规范》等技术标准；人工智能企业内部建立的"执行嵌入产品研发全生命周期的安全控制体系（SDL）""研发运营一体化安全运营平台（SOC）""数据采集与标注安全合规标准"等安全管理程序与标准。这要求微观操作框架必须以"敏捷治理"为原则，在人工智能技术迭代中实现技术端、运行端、管理端和应急端"标准化方案"的动态优化，通过保持快速回应性和适应性以实现人工智能治理的标准"控制性"的功能定位。在治理主体的关系结构上，由于存在较强的专业壁垒和信息不对称情况，人工智能的技术专家、运营专家的知识权威在微观操作框架中应得到尊重，其他治理主体应自觉于"监督者"的角色，而公民社会力量则需以"形式性参与"为策略，在"缺失模型"的框架下不断达成"公众理解科学"[1]。

第五节　理论思考与启示

人类新兴技术治理的发展具有清晰的时代主线，从技术评估到预防原则，从伦理、社会与法律评估到预期治理，从负责任研究与创新到敏捷治理、适应性治理、试验性治理等多元理论，每一次治理范式的超越都是新兴技术颠覆式创新所诱致的治理新问题、新情境和新需求的结果，并体现出人们为维护"本体性安全"而逐渐从"科学理性"的关注转向"社会理性"，甚至更高的"道德理性"求索的趋势。从治理实践看，人工智能治理具有清晰的生成逻辑，它是人工智能技术发展的"核心驱动层"推动治理的"环境变革层"，在不同"认知适配层"的规范下而形成不同"治理范式层"的过程，其认知逻辑主要表现为技术逻辑、制度逻辑、文化逻辑和资本逻辑，在人工智能治理生成机理中居于核心地位，是形成人工智能治理不同路径的"简化机制"，不同逻辑下人工智能治理的议题理解、价值导向、主体关系、路径依赖和工具选择具有显著差异性，亦各自面临着不可回避的理论困境。

区别于其他一般新兴技术，人工智能具有技术支撑的多样性、技术应用的通用性和技术影响的跨域性。它既具有与核能、化学等技术一样的强负外部性担忧，也具有与生物基因工程一样的强伦理张力，更具有与新材料技术一样的对社会生产生活方式的变革性。因此，人工智能治理需转变单一认识逻辑的视角，亟待建构更具包容性的全景式框架以实现内生性逻辑与建构性逻辑、一般性逻辑与情境性逻辑的统一。为此，本节基于"共性价值－结构要素－行业场

---

① Durant J R, Evans G A, Thomas G P. The public understanding of science [J]. Nature, 1989, 340 (6228): 11.

景－微观操作"建构了人工智能治理综合分层框架，阐释了各框架的价值导向、功能定位、治理原则、治理对象、主体间关系结构和工具选择，并揭示了该框架从宏观到微观的维度衍变及从抽象到具体的内容衔接关系。该框架某种程度上实现了人工智能治理的范式超越，具有如下理论意义与启示（图3.4）：

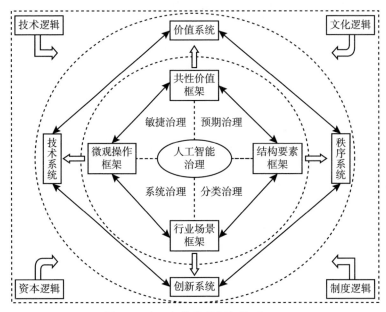

图 3.4　人工智能治理框架体系

资料来源：作者自制。

第一，人工智能治理需体现多元认知逻辑的融合。人工智能本身所具有的多技术支撑、多要素汇集、多主体交互和多样态融合等特征，使得定义"人工智能"概念的边界变得越来越困难，从某种程度上讲，"人工智能"这一词汇的含义已完全超越了科学域场的解释，而被人们赋予了太多的伦理、社会、政治、经济等扩展意义的想象。人工智能风险及其社会影响在归因、表现和解释上的多维性，使得以任何单一认知"框架前提"为源头的人工智能治理路径必然面临不可化解的理论困境和功能残缺的窘境。为此，我们必须摒弃以认知逻辑为隔离的人工智能治理路径设计思路，以治理问题的层次衔接逻辑建构包容性的人工智能治理框架，将不同的认知逻辑在工具层面上巧妙地融入不同的治理层次中，以实现人工智能治理的"善治"。本研究所构建的人工智能治理综合分层框架则是该思路的践行者。其中，共性价值框架体现了文化逻辑的内涵，微观操作框架兼具技术逻辑和制度逻辑的意义，结构要素框架和行业场景框架则是文化逻辑、制度逻辑、资本逻辑的统一。

第二，人工智能治理需嵌入多样治理范式的协同。区别于其他新兴技术，人工智能的治理情境具有私域性、动态性、拟人性、跨域性等多样特征[①]。其中所内含的伦理张力、风险扩散及对社会生产生活的变革性，使得治理的着力点定位、尺度把握和力度选择变得日益困难，任何单一治理范式都很难契合其治理情境的弹性需求。因此，人工智能治理需避免"一刀切"式的刚性治理模式，应通过嵌入多样治理范式实现治理的多主体协同和多工具协同。本研究所构建的人工智能治理综合分层框架内含"协同治理"的理想，通过清晰刻画共性价值框架、结构要素框架、行业场景框架和微观操作框架下不同的治理原则、主体关系结构和治理工具选择，以实现不同治理情境所要求的治理范式的针对性。

第三，人工智能治理需实现多维目标系统的平衡。从本质上看，人工智能治理的复杂性是人工智能本身作为"现代性"的产物所具有的跨系统性决定的，其治理目标体系可划分为相互衔接的四大系统，即价值系统、秩序系统、创新系统和技术系统，不同系统具有不同的治理焦点。其中，价值系统关注伦理道德边界的界定问题，秩序系统重视权力、权力和利益的分配问题，创新系统强调行为规范问题，技术系统侧重于细节标准化问题。因此，人工智能治理效能的实现需建立在系统间平衡的基础上，这里的平衡主要包括两个方面：一是重点平衡，即人工智能治理不可过分重视某单一目标系统的功能，比如过分着力于价值系统，必然导致秩序系统、创新系统和技术系统丧失部分实践意义；二是强度平衡，即不同目标系统具有其相适应的治理强度，不可错置不同目标系统间的功能定位，应依循从价值系统到微观操作系统治理强度递增的规律，实现人工智能治理的"宽严衔接"和"虚实结合"，若不遵循此规律，则必然导致人工智能治理失范，比如以"管制"功能来定位秩序系统的治理目标，则必然使创新系统和技术系统受到压抑[②]。本研究所构建的人工智能治理

①　唐钧.人工智能的风险善治研究［J］.中国行政管理，2019（04）：46-52.

②　高奇琦.智能革命与国家治理现代化初探［J］.中国社会科学，2020（07）：81-102 +205-206.

综合分层框架暗含了"系统平衡"的理念，通过从宏观到微观的"共性价值—结构要素—行业场景—微观操作"层次框架设计，分别赋予其由松到紧的"指导性—规范性—约束性—管制性"梯级功能定位，实现了多维目标系统间的平衡。

第四章

人工智能治理实践：以人脸识别为例

与个性化算法、自然语言理解等技术不同，作为一项与人类生活紧密相连，且以显性、可直观形式出现的人工智能技术，人脸识别在今天已被广泛用于公共管理、金融、教育、消费、医疗卫生、房地产等多个领域。凭借着便捷性、非接触性、可扩展性、隐蔽性等特点，人脸识别在赋能社会生活的同时也给既有的社会运转模式、个人生活习惯带来了挑战，不仅给公众带来了诸如人脸敏感数据泄露和不正当应用等新型风险，还给既有的法律监管、社会伦理结构带来挑战，同时也在很多情况下加剧了社会既有矛盾的可能性。

正是在这样的背景之下，考虑到人脸识别技术的成熟度、产业应用的广泛性、公众感知的显著性、争议的激烈性，对人脸识别的治理研究将不仅仅有助于本领域的健康发展，还将为其他人工智能治理工作提供重要的理论与实践经验，是实现人工智能长期可持续发展的重要治理样本。本章以人脸识别为典型技术，区分不同应用场景的治理特征，总结和比较主要国家的人工智能治理实践，包括伦理原则、法律规范、产业战略、市场规则、技术工具以及公民参与等，分析共性的问题与治理需求。

作为一项典型的人工智能技术，人脸识别近年来的商业化进程经历了快速发展与饱受质疑的两个阶段。人脸识别是一种通用型技术，可以被广泛应用到不同的场景中。

第一节　人脸识别技术简介

目前，各国关于人脸识别（Face Recognition）技术的标准定义尚未统一。在我国已经出台的国家标准《信息安全技术 远程人脸识别系统技术要求》（GB/T 38671–2020）中，人脸识别被定义为"以人面部特征作为识别个体身份的一种个体生物特征识别方法。其通过分析提取用户人脸图像数字特征产生样本特征序列，并将该样本特征序列与已存储的模板特征序列进行比对，用以识别用户身份。"[①]

1. 人脸识别的一般工作流程（图 4.1）

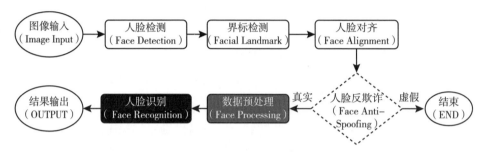

图 4.1　人脸识别的技术流程图

资料来源：作者自制。

面对一个来自图片或者视频的图像输入，人脸识别系统的工作流程如下。

（1）人脸检测器对其进行人脸检测，以判断图像中是否存在人脸；如果有，则会同时定位出人脸的位置。

（2）人脸界标检测器会对人脸进行关键点定位，即将人脸的眼睛、嘴角等有明确语义特征的信息标定出米。该技术流程实质上是一种更加精细化的人脸检测，能够更精确地识别人脸主要部位的空间位置信息。

（3）人脸对齐，即将与标准模板不一致的人脸（歪头、过大、过小等），对齐到规范化的规范坐标，进行标准化处理，从而有效降低后续人脸识别系统处理问题的计算复杂度。

（4）活体检测，主要是为了防止各类欺诈式攻击；如果是真实存在的图像，就进行后续操作；如果是虚假图像，就可以退出数据处理流程。

---

① 国家标准化管理委员会. 信息安全技术远程人脸识别系统技术要求［EB/OL］.（2020–04–28）［2021–04–05］. http://openstd.samr.gov.cn/bzgk/gb/newGbInfo?hcno=C84D5EA6AC99608C8B9EE8522050B094.

（5）数据预处理主要包括两类数据处理：第一类，扩充化处理，即将同一张人脸图像多维度（姿势、年龄、发型等）的扩展，分解为多张图像；第二类，归一化处理，将同一人脸的来自多维度的图像进行正则化处理，汇总到同一张图像中来，最终形成待识别的人脸图像数据库。

（6）人脸识别主要包括两类数据处理：第一类，特征提取，即在人脸图像数据库中构建数据训练集，通过不同的系统架构和损失函数设置，提取人脸数据特征；第二类，人脸匹配，即针对人脸图像数据库中的数据测试集，构建特征相似度函数，设计面部特定身份的面部匹配算法，进行最终的人脸匹配。

2. 人脸识别的基本应用模式

从基本应用模式来看，一般可以把人脸识别技术按照人脸验证、身份查询和人脸属性分类来划分。

1）人脸验证

也常被称为人脸 1∶1 比对。需要强调的是，人脸验证功能不要求人脸特征信息存储一定要存储于某个数据中心，它一般保存在个人的卡片、证件、手机等设备上。常用于酒店入住、机场安检、手机解锁、账户安全访问等场景中。

2）身份查询

也常被称为人脸 1∶N 查询。身份查询常用于学校考勤、楼宇园区门禁、安防布控等场景。相比于人脸验证，身份查询应用一方面使面对海量人脸数据进行比对成为可能，另一方面其面对的场景更加复杂、更加不可控，输入的用户图像质量会因为光照、姿势、遮挡、角度、距离等因素而受到干扰，这给系统性能提出了更高的要求。

3）人脸属性分类

也常被称为人脸属性分析，指提取人脸图像所反应的个人属性信息（年龄、表情、性别、皮肤状态、疾病等）并将之与一般特征进行匹配。与人脸验证和身份查询不同，实现人脸属性分析无须确认个人的身份。不同人所具有的个人属性特征具有特异性，因此当确认了某一张脸所具有的特征后，依然可以配合其他信息（如时间、位置、穿着等）来识别个人的身份。

第二节　人脸识别风险特征

人脸识别技术作为计算机视觉领域的代表性技术，其实是机器学习技术包括深度学习技术、模式识别技术和计算机视觉技术等的技术复合体。因此，人脸识别技术的不确定性，除了上述技术模块的不确定性，还包括技术模块之间耦合关系的不确定性。从广义上讲，人脸识别技术必须与现实场景相结合，所以场景和技术之间的适配度、使用人员的技术能力等问题同样会引入不确定性。人脸识别技术同上述三类技术的关系如图 4.2 所示。

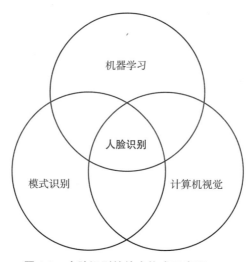

图 4.2　人脸识别的技术构成示意图

资料来源：作者自制。

1. 机器学习技术的不确定性

机器学习技术的第一个不确定性在于缺乏严格的理论支撑，并且可解释性还有待提升。机器学习中的典型分支深度学习的"解释黑箱"问题即来源于此。系统在给出概率性的结论判断时，难以对相关因果关系进行有力解释。同样是由于可解释性问题，系统在面对仿冒攻击、对抗样本攻击、后门攻击等一系列攻击时容易被攻破，给用户带来次生风险。

机器学习的第二个不确定性在于较难处理图像特征之间的误匹配现象。基于几何三维重建，深度学习与机器学习能集成诸如随机样本一致性

（RANSAC：Random Sample Consensus）等鲁棒外点（误匹配点）剔除模块，很难从图像到欧几里得空间的三维重建的转换问题。同时，对一些误匹配点的错误判断可能对机器学习系统造成攻击，或者产生错误认证。

机器学习的第三个不确定性在于对训练样本的依赖程度过高。目前，在监督学习范式依然占主流的情况下，大量机器学习应用严重依赖经过标注的图像。当前图像标注工作依赖人工，这个过程可能引入标注人员的人为行为不确定性。此类不确定性直接关系到后续的种族歧视或者性别歧视等问题，使得这些问题被误以为是人脸识别技术本身的问题。同时，标注人员的长尾分布会决定模型的训练数据集的长尾分布，进而影响机器学习模型的性能。例如，在一个包含了多人种的训练数据里，类别 A 的样本量高于类别 F，就有可能导致训练后的学习模型在输出结果上对类别 A 的识别更加精准，而识别类别 F 时产生的误差较大。造成上述现象的原因极其复杂，主要有两方面的原因：第一，不同类别的样本本身分布不均，如不同人种的数量不同；第二，标注人员的认知模式往往已经存在，受制于标注人员的受教育程度、文化熏陶等因素。

2. 模式识别技术的不确定性

模式识别是对表征事物或现象的各种形式的（数值的、文字的和逻辑关系的）信息进行处理和分析，并对事物或现象进行描述、辨认、分类和解释。模式识别是分析人脸信息的重要环节，模式识别技术主要运用在人脸识别技术中的特征提取中。目前主流的特征提取主要分为两类——基于空间信息的特征提取和基于统计信息的特征提取，虽然这两类特征提取方法能够有效互补，但是在实际技术应用中却无法很好加以调和。

基于空间信息的特征提取的技术不确定性主要包括多类别高维数据问题和非线性模式匹配问题。现阶段运用机器学习或深度学习使得识别非线性空间信息成为可能，但是机器学习算法的基础算法多为梯度下降法或贪婪启发式算法，容易受到局部最优化问题的限制，多度拟合问题比较突出，容易陷入"高维陷阱"。

基于统计信息的特征提取能够高效地解决具有线性关系的模式识别问题，但无法高效解决非线性关系的模式识别问题。统计模型的假设往往是数据样本数量趋于无穷大，而在现实技术应用场景中，由于各种约束因素，使得能够使用的样本数量非常有限。对于人脸空间信息要求比较高的应用场景，往往可解释性较差。

3. 计算机视觉技术的不确定性

与计算机视觉相关的概念有视觉感知、视觉认知、图像和视频理解等。从广义上说，计算机视觉是"赋予机器自然视觉能力"的学科。因为生物自然视觉无法严格定义，而且这种广义视觉定义又包罗万象，不太符合 40 多年来计算机视觉的研究状况，所以这种"广义计算机视觉定义"不适合说明和分析人脸识别技术的不确定性。计算机视觉本质上就是研究视觉感知问题。视觉感知，根据维基百科的定义，是指对"环境表达和理解中，对视觉信息的组织、识别和解释的过程"。计算机视觉是以图像为输入，以对环境的表达和理解为目标，研究图像信息组织、物体和场景识别，进而对事件给予解释。

计算机视觉自马尔计算视觉模型之后，大体分为物体视觉和空间视觉。物体视觉在于对物体进行精细分类和鉴别，而空间视觉在于确定物体的位置和形状，为动作服务。

对象感知和物体检测是技术不确定性的第一个来源。当产品进入市场，在面对应用场景下一系列应用场景中的复杂干扰因素（背景干扰、物体遮挡、光照变化、性别、肤色、年龄）的挑战时，系统的稳定性成为用户关注的一个重大问题。对特定人群的高错误识别率，可能将普通人识别为罪犯。目前比较流行的"目标驱动框架"通过层次化卷积神经网络建模猴子 IT 区（IT: Interior-Temporal Cortex，物体识别区）的神经元对物体的响应，仅仅"控制图像分类性能"对 IT 神经元响应（群体神经元对某一输入图像物体的响应，就是神经元对该物体的表达或编码）进行定量预测，但是理论解释能力不足。

物体表达是技术不确定性的第二个来源。物体表达的不确定性在于目前针对人类大脑关于物体视觉和空间视觉的形成机制尚不明确，主流的物体表达模型，如多尔物体表达模型、成像模型，都没有太好的指导理论。

4. 场景和技术之间的适配问题及其不确定性

与人脸识别应用模式不同，由于人脸识别具有便捷性、非接触性、可扩展性、隐蔽性等特点，因此当人们谈到人脸识别可能引发的风险时，除了包含上述三类基本应用模式在不同场景下的应用所引发的担忧，往往还存在一系列诸如财产损失、深度伪造引发的名誉损害等次生风险。因此，为了更全面地识别人脸识别风险，应该从人脸识别活动涉及的重要环节出发加以分析，即从数据、算法与系统、技术应用三方面展开讨论。这三者所引发的问题并不割裂，它们之间存在密切的关联性。

1）与数据隐私及安全相关的问题

由于人脸信息属于人生物识别信息，具有独特的、不易更改的特点，且相对于虹膜、指纹、掌纹等生物识别信息而言更易获取，能够反映信息主体从身份到思想状态、精神状态、疾病乃至遗传信息等多类敏感信息，在人脸识别相关应用大规模普及的今天，一旦人脸数据泄露、被非法提供或被滥用，便可能危害人身和财产安全，导致个人名誉、身心健康受到损害或使人遭遇歧视性待遇，从而严重危害社会大众的合法权益。

2）算法稳定与系统安全相关的问题

自 2014 年基于深度学习方法构建的 DeepFace 人脸识别模型以 97.35% 的准确率大幅逼近人类识别水平（97.53%）以来，一系列基于深度学习方法构建的人脸识别系统便快速走出实验室，进入市场。但由于这些基于深度学习的人脸识别系统存在可解释性等一系列问题，使得其在实际场景下的性能会受到多种因素的影响，其中除了模型结构的影响，其性能还严重依赖于模型训练期间所使用的数据。因此，当产品进入市场，在面对应用场景下一系列复杂干扰因素（背景干扰、物体遮挡、光照变化、性别、肤色、年龄）的挑战时，系统的稳定性便成为用户关注的一大重要问题，它既可能因为对特定人群的高错误识别率而引发歧视的争议，又可能因为错误将人识别为罪犯而给个人带来尊严上的伤害。由于不可解释性的问题，系统在面对仿冒攻击、对抗样本攻击、后门攻击等一系列攻击手段时容易出现被攻破的风险。此外，与构建人脸识别系统相关的基础设施如开源框架、软硬件等，往往也会存在一定的安全风险。

3）与技术应用相关的问题

人脸识别技术得到广泛普及的一个重要原因是它能够很好补充其他生物

识别技术所面临的场景限制弊端，具有非侵扰性、便捷性、友好性、非接触性、可扩展性、隐蔽性、强大事后追踪能力、准确度高等特点。然而，也正是这些特点使得人脸识别技术在介入人们的个人生活与社会生活时，会在带来一定应用价值（如便捷性）的同时，不可避免地对人们的个人权益（财产、个人思想与行动自由、生理健康、人身安全，以及其他由人格尊严产生的人格权益）产生直接的或间接的影响，这使人们在评估人脸识别系统带来的风险与收益时，认为风险更高，进而对人脸识别的应用感觉不适，严重情况下还可能引发广泛的社会争议。

第三节　人脸识别应用场景的风险识别

围绕人脸识别所展开的争议可以归结为数据、算法与应用三大层面，而人脸识别引发的主要问题则涉及以下几点：① 对公众基本权利的侵害；② 数据安全与个人信息保护；③ 因系统稳定性与安全性所造成的损失。这些问题的产生机理较为复杂，不仅涉及系统本身的设计问题、相关法律规范，还牵涉具体应用场景下用户的感知与态度。需要强调的是，社会公众的态度很大程度上会影响监管部门或社会舆论对特定人脸识别活动的关注程度，因此，只有深入具体场景，才能提高对人脸识别潜在风险的认识，找出引发担忧的背后机制，建立更加科学、精准、动态的治理体系。

1. 人脸识别的风险生成机理分析

人脸识别的风险源主要分为显性预测风险源和隐性预测风险源。显性预测风险源指监管方、系统开发方、产品运营方在产品的全生命周期内根据现行法律、规范和经验所识别出来的风险，多表现为相关主体在数据处理、数据安全、系统性能、系统安全、应用方式等的合规问题。隐性预测风险源指因人们情感、认知、心理变化所导致的风险源，表现为公众面对某一人脸识别应用时，对数据、系统或应用所产生的争议和担忧。

显性预测风险源和隐性预测风险源存在相互关联。二者的合力促成人脸识别风险事件的发生，进而给相关使用方、产品应用方、技术开发方带来损失。虽然显性预测风险源识别过程中所依据的法律、规范和经验相对明确，但随着技术演进、公众态度的变化，这些风险识别指标也会发生变化。由于这些指标的调整更加偏重对公众态度的考量，公众态度的分析成了风险分析中必须重视的问题。

人脸识别是否被公众接受，取决于人们对人脸识别所带来的价值与自身利益的权衡，这种利益权衡涉及物质层面、价值观层面。具体而言，人脸识别以人们的人脸信息为基础，实现不同目的的应用。风险衡量决定了公众在面对人脸识别时的态度。了解人们从根本上担心哪些利益受到损害，是研究的一个关注点。总体而言，公众对人脸识别最大的担忧是对个人信息与数据安全的担忧，这一点在已有的公众调研报告和各类新闻媒体中均有体现。

通过将已有的研究与实际争议中人们关注的焦点进行总结发现，当人们评价人脸识别可能带来的风险时，一般会联系到与个人生活质量相关的问题，具体包括五大类：个人财产、生理健康与人身安全、差别性待遇、对人造成精神损害、限制思想决策与行动的自由，这里将其概括称为人脸识别应用下的私人敏感领域（Sensitive Private Domain，SPD），见表4.1。

表 4.1　人脸识别应用中公民的私人敏感领域（SPD）

序号	主要内容
1	个人财产
2	生理健康与人身安全
3	差别性待遇
4	精神损害
5	限制思想决策与行动的自由

资料来源：作者自制。

可以发现，一旦人们察觉到某人脸识别应用可直接或间接对私人敏感领域（SPD）的利益造成损害，那么相应的大规模抵制情绪就可能发生。

在具体场景下，人脸识别应用所具备的一系列关键特征往往会很大程度上影响公众关于 SPD 利益可能受到损害的判断。例如，从公众对技术开发与应用主体的信任程度看，国内相关调查发现，在政府部门、学校、国企、金融机构、私企等主体中，用户对政府部门的信任程度最高，达到74.06%，对私企的信任程度最低，仅为 31.79%。在美国，公众对于执法机构的信任程度为 56%，对技术公司的为 36%，对广告商的为 18%。在英国，近 70% 的受访者曾表示，不信任以商业目的为追求的私营企业能负责任地使用人脸识别技术。

从人脸识别应用的目的来看，来自中国、美国、英国的调查均显示，公众对于在商店部署人脸识别去收集、分析用户的行为反对声最高，对于执法机构以安防为目的部署人脸识别的信任程度最高。

从数据流动模式看，由于消费者不了解人脸识别的数据流动模式，对人脸识别的接受程度会大打折扣。如在新京智库对国内消费者的调查中发现，超过 80% 的受访者希望获知人脸信息的数据安全如何保障，65% 的消费者希望获知查看、撤回、删除人脸相关信息的方式。在南方都市报的调查中，当人们被问及最关心人脸信息的处理规则时，"采取何种技术和管理措施，保证收集的人脸信息安全"的关注程度最高，"人脸识别技术是否为第三方提供，且第三方是谁"的关注度是第二，"人脸信息目前被使用在哪些场景，是否有变更"是第三。

由上述对人脸识别风险生成机理的分析可见，对于人脸识别的风险评估工作，除了评估系统的客观风险，还需结合具体应用场景下用户对系统的主观态度进行综合判断。

2. 人脸识别应用场景的判定条件

根据隐私保护中的场景理论和商业实践情况，我们提出人工智能应用的伦理与安全敏感的语境（Ethic & Security Sensitive Context，ESSC）这一概念。ESSC 语境所包含的语境因子高度影响人们对人工智能应用的基本态度。ESSC 语境是那些提升人们对人工智能系统敏感态度或担忧的因子的集合。对于人脸识别应用而言，根据案例分析，可以总结出 6 项人脸识别的 ESSC 语境因子，见表 4.2。

表 4.2　人脸识别的 ESSC 语境所包含的核心因子

序号	核心因子
F1	技术赋能的场景所追求的价值
F2	技术开发与运营主体的公信力

续表

序号	核心因子
F3	技术赋能的场景遭遇的实际问题
F4	技术回应实际问题的方式
F5	是否在受控环境①应用
F6	数据流动的模式

注：①　欧盟《人脸识别指南》将"受控环境"定义为仅在当事人参与的情况下才可使用生物特征系统的情形。"不受控环境"涵盖了个人可以自由出入的地方，包括商场、医院或学校等公共和准公共空间。根据 2021 年 1 月 28 日欧洲理事会发布的《人脸识别指南》（Guidelines on Facial Recognition），"受控环境"（controlled environment）指只能通过用户主动参与才能工作的生物识别系统；相反，"非受控环境"（uncontrolled environment）指人们可以自由进出或通过的场所，如商场、医院、学校等。

1）技术赋能的场景所追求的价值

人脸识别是一种赋能技术，其所赋能的社会领域本身具有的特质会影响人们的态度。赋能场景不同，其核心价值也不同，如教育领域的核心价值是培养人才、公共安防领域的核心价值是保护公共安全，小区的核心价值是提升人们生活质量。

2）技术开发与运营主体的公信力

技术开发与运营主体也影响人们对人脸识别的态度，它决定了人们对应用的信任度。

3）技术赋能的场景遭遇的实际问题

本因子考虑具体场景实际存在的问题，它决定了该场景下人们对人脸识别应用的态度，如在一个十分安全的小区部署人脸识别，人们会犹豫并权衡技术带来的安全是否值得交出人脸信息，而在一个经常发生盗窃案的小区，人们较愿意使用人脸识别。

4）技术回应实际问题的方式

人脸识别的应用模式很多，可以延伸出丰富多样的应用，以实现不同的目的。人脸识别在具体场景下所服务的应用目的也影响人们的态度。

5）是否在受控环境应用

人脸识别具有非接触式的信息采集能力，其应用可以分为受控式与非受控式两类。受控式人脸识别要求系统必须在用户有意识主动参与的情况下才能采集信息并开展一系列后续工作，而非受控式系统则可以在用户不知情的条件下采集用户人脸信息，开展一系列可能违背用户意愿的工作。

6）数据流动的模式

考虑到一系列数据安全事故，人们对于在线服务的可靠性、安全性等有担忧。

上述六项因子构成了人脸识别应用的伦理与安全敏感的语境，这些语境信息会影响人们对人脸识别应用的态度，结合这些语境因子以及人脸识别的风险产生机理，我们可以对当前国内主要的应用场景进行风险识别。

3. 七个人脸识别运用场景的风险识别

根据 ESSC 语境，并参考一系列国内外行业分类办法，这里梳理出人脸识别应用较为热门的七大领域、14 个行业、30 个场景（图 4.3）。这些领域分别涉及城市安防场景、办公楼宇园区、住宅小区、社区垃圾治理、智慧校园、智慧零售、支付场景、娱乐应用、在线教育、售楼处等。在这些运用场景中，因人脸识别使用的主体不同，产生的风险不同。因人脸识别使用目的的不同，产生的风险也不同。因人脸识别涉及的对象（如犯罪嫌疑人、普通居民、未成年人）不同，产生的风险也不同。

1）安防场景

（1）场景分析

场景所追求的主要价值：保障社会公共生活安全稳定地运行。

技术的主要运营主体：公安机关，开发主体多为私营企业。

场景遭遇的实际问题：随着城市规模、人口的增长，通过传统人工巡查的方法，难以对犯罪分子或嫌疑人的视频、音频信息进行精准定位与分析。为了开展事后追踪或事前防控工作，公安机关亟须能高效推动公共安全管理科学化、治理精准化、服务高效化的辅助系统。

技术解决问题的方式：技术开发方可以让系统拥有人脸识别、人体识别、行为识别、车辆识别等能力，方便公安机关进行失踪人口搜寻、违法人员或在逃嫌疑人身份鉴定、轨迹追踪，以及开展事实预警等工作。

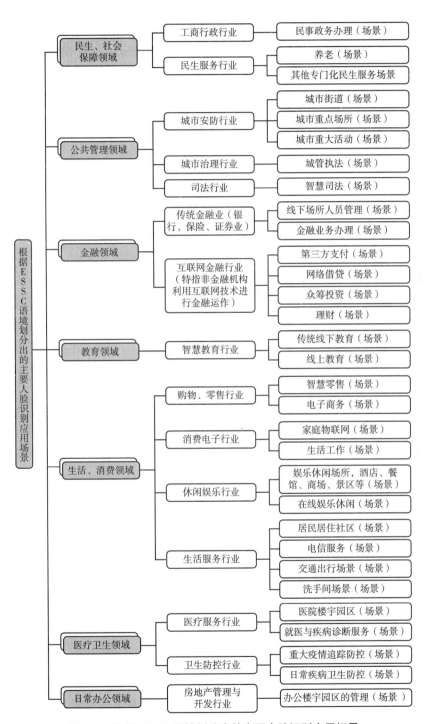

图 4.3 根据 ESSC 语境划分出的主要人脸识别应用场景

是否在受控环境使用：除了街道、重要交通枢纽，如地铁站、机场、火车站，公安机关会在大型活动现场进行布控，降低现场执勤警员的压力。

数据流动的模式：城市安防系统不仅能从闸机、监控摄像头等人脸卡口、治安卡口处采集人脸数据，还可以接入第三方相机的人像抓拍数据。从数据的保存与共享看，相关数据会保存在公安机关的私有云中，且受到严格的与高级别的安全保护，不会造成外泄，也不会与第三方机构共享。

（2）潜在风险分析

从数据安全层面看，公安机关虽然获取了海量人脸数据，但由于其安防系统通常采用私有云的形式在公安专网中部署，且制度齐全，在数据安全与访问权限上有很严格的保护措施，抵御病毒、黑客攻击能力也很高，不容易发生数据泄露、数据滥用等问题。

从算法与系统看，公安机关通常在非配合甚至对抗情况下运用人脸识别技术，对算法鲁棒性有很高的要求，识别对象的行为举动、面部遮挡、光照方向和强度、拍摄设备的高度和角度等干扰因素都直接影响识别准确率，在人流密集的公共场所可能会产生较高的误报率。

从应用层面看，如果相关操作人员使用人脸识别以实现非职能之目的，可能因技术滥用给公众带来隐私侵犯的风险。一旦操作人员依据错误的识别结果对目标人员进行档案定性甚至是追踪、抓捕，可能给个人带来歧视的风险，进而可能侵犯人身自由、个人名誉、个人隐私等公民权利。

（3）规范现状

在安防领域已经有一些技术标准，比如 GB/T 35678-2017《公共安全 人脸识别应用 图像技术要求》和 GB/T 31488-2015《安全防范视频监控人脸识别系统技术要求》，有助于规范公共安全领域的人脸识别技术应用。2020 年 11 月新实施的《信息安全技术 远程人脸识别系统技术要求》，规定了人脸识别认证系统基本安全功能要求、人脸识别认证系统传输、交换、存储基本安全要求、人脸识别认证系统数据要求，有助于规范远程人脸识别认证技术。在个人数据保护方面，GB/T 35273-2020《信息安全技术 个人信息安全规范》正式发布，并于 2020 年 10 月 1 日实施，该文件严格规范了个人信息在收集、存储、使用、共享、转让与公开披露等信息处理环节中的相关行为。《中华人民共和国民法典》对个人信息受法律保护进行了原则性规定。《中华人民共和国个人信息保护法》也对人脸识别的运用场景进行了限制。

（4）公众态度

美国皮尤研究所（Pew Research）在 2019 年 6 月对 4272 位美国人进行的调查中发现，有 59% 的民众接受执法部门使用人脸识别进行安防目的的工作，且白人相比于黑人对人脸识别系统的接受程度更高（64% vs 47%）。而 Ada Institute 于 2019 年 7 月对 4109 位英国民众的调查显示，有 63% 的民众接受警方使用人脸识别技术进行犯罪侦查，但也有 55% 认为警方的人脸识别活动应仅限于特定目的，且受到严格监管。在我国，根据南方都市报与 App 违法违规收集使用个人信息专项治理工作组在 2020 年上半年对近 2 万名公众进行的在线问卷调研显示，74.06% 的民众相信政府部门能够负责地、安全地使用人脸识别技术，显著超越对其他主体的信任程度。

（5）治理问题

在执法场景中，如果将人脸识别嵌入自动化决策中，执法人员依据自动化决策系统作出裁决认定，则应该增强人为干预，并建立复查机制，以防止识别错误导致对公民权利的侵犯。

2）支付场景（线上 / 线下支付）

（1）场景分析

场景关注的核心价值：实现资金流转的快速和便捷。

技术的主要运营主体：银行、第三方支付平台或其授权服务商，开发主体多为包括第三方支付平台在内的私营企业。

场景遭遇的实际问题：传统支付方式需要用户携带支付介质（现金）或工具（银行卡），且需要身份认证与授权，如输入密码，效率较低。另外，基于密码的支付风险较高，可能被猜出或从"黑产"中获得泄露密码进行"撞库"。因此，消费者需要更为安全、便捷的支付方式。

技术解决问题的方式：基于人脸识别的支付不仅在线下实现无工具、无介质支付，而且通过人脸识别加活体认证的方式，提升支付的效率与安全。同样，对于线上场景，用户使用手机进行人脸支付或指纹支付能够给消费者带来更好的使用体验。

是否在受控环境使用：线上支付包括网上缴费、转账、购买理财产品等，线下支付广泛应用于银行转账取款、商城购物、火车站、汽车站、飞机场、电影院、医院、自助缴费等。

数据的流动模式：线上人脸识别支付只能在支持人脸解锁的手机上进行，且用户的人脸信息仅在设备本地进行比对，并向云端发送最终结果，不发送原始数据或人脸特征数据。同时，系统会通过活体检测技术确保输入图像来自真人，防御来自照片或假体等攻击。由于用户手机搭载的摄像头硬件存在差异，人脸支付解决方案分为 2D 和 3D 两类，且 3D 方案安全性较 2D 的更高。线下支付会在具有安全芯片、加密模块以及专门活体检测的设备上进行，通过将终端设备采集的人脸信息由活体检测算法进行检测（判断采集到的人脸是活体信息而不是照片伪造、视频伪造或者其他软件模拟生成的），再由人脸识别算法将"活体人脸"与身份证人脸数据库，或者之前比对成功的活体人脸信息进行比对，判断是否为同一人。设备采集的原始的人脸图片会加密发送至云端服务器进行处理比对。

（2）潜在风险

从数据安全层面看，线上人脸识别支付所依赖的用户人脸数据存放于用户本地，且经过加密保管，不太可能出现大面积泄露风险。对于线下需要远程人脸识别的情况，因为云端数据库保存了用户大量身份证照片信息、设备采集的人脸信息，所以数据库的安全十分重要。由于人脸具有唯一性，与人类生命相伴而生，不法分子可通过远程、非接触方式，在商场、旅馆、饭店、街道等公共场所，或从数据黑产中获取公众人脸信息，通过人脸伪造技术，对身份认证系统进行攻击。

从算法与系统层面看，随着新型技术的不断发展，对人脸识别系统的攻击手段多样化、先进化，攻击者基于仿冒攻击（2D）、照片攻击、视频攻击、3D 假体攻击，借助在其他渠道获取的用户人脸信息制作攻击材料，对用户账户发起定向或不定向攻击，给用户资金安全造成严重威胁。

从应用层面看，人脸支付系统在采集人脸数据时虽然需要用户配合，但依然存在用户在无感知条件下被盗刷的可能性。另外，从商户的角度看，由于交易是无感化的，可能出现消费者在消费以后否认自己自愿交易的风险。

（3）规范现状

人脸识别支付已经被纳入金融监管框架中，有相对明确的监管准则。有权威人士提出，人脸识别支付应用应该坚持三大原则：一是信息采集要坚持"用户授权、最小够用"原则；二是支付交易要坚持"表达意愿、多重认证"原则；三是安全管理要坚持"风险补偿、全程防护"原则。2020 年 1 月，中国支付清算协会发布《人脸识别线下支付行业自律公约（试行）》，要求会员单位建立人脸信息全生命周期安全管理机制。

（4）公众态度

南方都市报的报告显示，在国内受访者中，有近 67.2% 的受访者曾经使用过人脸支付功能，但由于人脸支付紧密涉及用户的个人财产，且人脸支付的特点为快捷、无感，很多时候无须用户键入密码就可完成授权支付。因此，大部分用户对此类支付形式较为谨慎，有 53.7% 的受访者担心账户被盗刷，导致财产损失。同时，据 Nielsen Norman Group 调查，当人们不了解人脸支付系统的工作模式，或过于强调无感，而让人感到支付过程缺乏控制时，人们对于人脸支付系统的信任程度大大下降。

（5）治理问题

金融行业是一个特殊行业，虽然金融主体的安全防护意识和能力都较高，但是仍然需要重视保障数据的安全，特别是用户的资金安全，及时提高系统的抗攻击能力。

3）住宅小区（楼宇）

（1）场景分析

场景所追求的主要价值：居民个人生活的安定与私人空间不被打扰。

技术的主要运营主体：物业公司等，开发主体多为私营企业。

场景遭遇的实际问题：对于小区物业而言，保障小区安全、给居民提供舒适的生活空间是他们的责任。随着外卖的发展、租住户的频繁更换，小区在人员的安全管理存在压力。很多小区部署了监控摄像头，但是由于缺乏智能化能力，需要管理人员调配大量人力进行持续监控，且出事后的回溯能力较弱。在疫情防控下，部分小区开始安装人脸识别系统。对于居民而言，传统的卡片门禁等安全措施存在易代刷、易伪造、易丢失等问题，住宅不能得到安全保障。

技术解决问题的方式：借助人脸识别技术，小区管理者能实现 24 小时覆盖的智能化监控，降低了管理成本，杜绝贴小广告和陌生人进出，还可以将系统接入公安机关的黑名单数据，对危险分子进行精准识别。对于居民而言，以人脸这个无法篡改，且随时携带的天然 ID 作为通行凭证，能实现高效通行。此外，部分小区引入特殊人群关照服务，通过人脸识别监控与门禁系统，对独居老人、残障人士等特殊关怀，检测这些弱势群体的出入信息，如果连续多天没有出入，可以提醒物业人员及时上门探望。

是否在受控环境使用：以安防与通行为目的人脸识别系统一般选择部署在小区门口、每栋住宅楼宇进口处，如果用户有选择使用该功能的能力，则认为其属于受控环境下使用。部署在小区内的监控摄像头会在用户进入拍摄环境后，无感知采集用户人脸信息，属于非受控环境部署。

数据流动的模式：小区人脸识别系统一般从门禁闸机、门禁面板机以及小区内的监控摄像头处获取人脸信息，当系统检测到有人脸时，会自动对画面中的人脸信息进行提取。经过人脸 1∶N 查询，如果发现该张人脸属于已登记的住户，系统将该新输入的人脸图像特征和人脸原图与住户事先录入的个人信息进行绑定（包含姓名、住址、身份证信息，部分还有租房证明、房产证等信息），并在公有云或物业本地服务器上存储，且人脸信息与其他信息的存储位置一般不会相互隔离。部分地区可能强制要求物业将信息实时同步或部分甚至完全交由公安机关进行保管。另外，为了便于物业工作，系统一般具备数据查看功能。不过，从数据删除的角度看，大部分系统支持用户删除自己提供的相关信息。

（2）潜在风险

从数据安全层面看，一些小区的物业公司缺乏信息安全保障能力和意识，没有完善的数据访问权限管理制度，其管理的人脸信息原图以及其他关联信息（住户的姓名、住址、身份证信息，租房证明、房产证等）容易泄露，可能给用户带来次生风险。面对用户关于使用人脸识别系统原因的追问时，小区管理人员常以"上级部门要求使用"，或强调人脸识别给小区带来的安全性，给用户出入带来的便捷性为由回应。大部分住户对于小区的数据访问管理、数据安全保护能力持怀疑态度，容易被人以"为便利、安全"为由，侵犯自身的隐私与数据安全，给个人生活带来不确定性风险。

从算法与系统看，为小区提供人脸识别技术的服务商数量众多，且行业中缺乏严格执行的标准，一些小区采用的人脸识别技术的安全漏洞较大，攻击者可能偷拍住户的人脸或用经特殊处理的照片等方式骗过人脸识别门禁系统。

从应用层面看，一些小区采取强制的方式推行人脸识别系统，没有给住户选择的自由。一些相对开放的小区，随着快递、外卖、大量访客等流动人员的频繁进出，采用人脸识别难以实现其最初的安全与高效通行的目的，物业或部分住户可能为了方便这部分人员的进出，直接将单元门敞开，导致用户既提交了人脸等个人敏感信息，承担了隐私泄露与数据安全的风险，又没有得到应有的保护与便利。

（3）规范现状

2020年10月，《杭州市物业管理条例（修订草案）》被提请至杭州市第十三届人大常委会审议。草案拟规定，物业服务人不得强制业主通过指纹、人脸识别等生物信息方式使用共用设施设备。

（4）公众态度

据《新京报》于2020年12月对1515位中国公民进行的调查显示，在小区使用人脸识别系统，近68%的受访者持反对态度。在对网络舆论进行分析的过程中团队发现，支持小区推行人脸识别的人群也广泛存在，因为考虑到小区人脸识别系统如果管理得当，确实能够保护居民住宅安全。近年来，消费者隐私保护与数据安全意识逐渐加强，对人脸信息这类生物识别信息的重要性认知加深。社会普遍反对小区强制推行人脸识别系统，认为考虑到小区是大家生活的区域，应该尊重用户的选择。

（5）治理问题

物业公司可能缺乏完善的数据安保制度和保障能力，导致住户的敏感信息泄露。小区的人脸识别设备的安全性和可靠性不足，设备无法发挥真正的作用。有一些小区强制推行人脸识别系统，没有尊重用户的选择权。

4）城市治理（环卫）

（1）场景分析

场景所追求的主要价值：在政府要求垃圾分类的背景下，通过垃圾分类来加强环境保护工作，提升社区生活环境质量。

技术的主要运营主体：多为城市管理部门或第三方技术公司，开发主体多为私营企业。

场景遭遇的实际问题：生活垃圾分类在我国是亟待治理的问题，由于监管薄弱、居民的垃圾分类意识不强，城市环保部门在垃圾分类管理、环境治理方面面临巨大压力。强制垃圾分类自 2019 年在上海市全面铺开以来，多地相继效仿。由于垃圾巡检员人手有限，城市垃圾投放点众多，管理人员不可能 24 小时在同一个垃圾投放点驻扎，居民垃圾投放的自律监督和事后追责需要引入自动化技术进行辅助。

技术解决问题的方式：现有智慧垃圾分类系统主要由智能垃圾桶和汇总垃圾投放信息的数据监测平台构成。居民投放垃圾时会被要求进行身份确认，以帮助垃圾分类管理者将垃圾分类的责任与激励落实到个人。在投放中，用户通过扫码、刷卡、刷脸、App 登录等方式在智慧垃圾桶进行账户登录，垃圾桶会对垃圾自动称重并为用户积攒分类积分。对于垃圾分类管理者而言，可以在大数据监管平台查看所属辖区的垃圾分类情况，还可以接入小区街道的视频监控，对垃圾巡检员的工作和用户垃圾乱投放行为监督追责。监督与追责有两种方式：① 对于零散垃圾投放，智能垃圾桶可以对投放的垃圾分类识别，确定垃圾种类，并记录在具体用户账户栏目下；② 对于袋装垃圾投放，垃圾分类督导员或巡检员进行人工识别，拍照上传汇报到系统后台，通过将本垃圾所属垃圾袋的投放重量或袋上二维码与后台记录进行比对，精准找到投放责任人。部分地区还引入公告栏，对垃圾投放优秀的住户、需要改进的住户或其所属单元楼进行公示。

是否在受控环境使用：智慧垃圾桶部署于小区、街道等区域，且结合区域内已有的视频监控探头和智能垃圾桶上自带的摄像头，对投放者身份、投放时间进行记录。如果智能垃圾桶附近的监控摄像头具备人脸识别能力，人脸信息多会以被动形式被监控摄像头采集、分析。智慧垃圾桶自带的人脸识别探头会以用户主动配合的形式，在用户确认使用人脸进行身份认证的情况下，采集、识别用户身份。

数据流动的模式：从人脸数据的采集与使用看，用户在注册智能垃圾桶配套的软件账户时，可以选择是否开启人脸识别功能，如果选择开启，就要录入人脸原始图像信息。当用户实际使用智能垃圾桶时，可以在设备上选择开启人脸识别功能，智能垃圾桶的摄像头便会开始采集用户人脸信息，进行身份识别。系统会提取所有来往人员的人脸图像，无论该人员是否在自己的账户绑定过人脸信息。通过与库中已有人脸特征信息进行比对，系统可以对其接入视频中的人脸信息进行识别，运营人员可以事后溯源，在出现问题时对特定时间和特定用户的垃圾投放行为进行定位。从数据的保存角度看，运营方收集的人脸信息会与用户手机号码、姓名、地址、微信账号等个人信息绑定，一同存放于其云端环境，部分运营方会对数据分类、分级管理，对接触数据的人员签订保密协议并进行监控，但具体落实情况依运营商和监管方的监管力度而异。从数据的分享转让看，大部分产品明确不会转让用户数据给第三方，但可能将部分用户数据分享给第三方以实现产品服务，如将用户通过平台的支付信息分享给第三方支付平台。从数据的删除角度看，大部分系统支持用户删除已经提供的信息。

（2）潜在风险

从数据安全层面看，负责智能垃圾桶运营的主体多为政府外包的中小型私人机构，这些机构对人脸这类敏感数据的处理存在不同程度的合规与自律，虽然部分机构会对其存储的信息进行加密、去标识等处理，但真实的情况外界仍难以获知，导致其收集的用户人脸信息被泄露的可能性较高。这些人脸信息和用户手机号、微信号、姓名等信息相互关联，一旦泄露，可能对用户带来一系列不确定的次生风险，如在网络上根据已获得的图片和姓名在社交媒体上搜索用户发布的信息，窥探其私人生活状况，或有针对性地制作与用户相关的伪造视频，进行欺骗活动。

从算法与系统层面看，智能垃圾桶场景的风险敏感程度不如金融场景，目前对其所使用的人脸识别硬件要求、算法精度、算法鲁棒性、防仿冒攻击的能力没有标准化的要求，部分厂家的设备在运行中会出现身份匹配错误、身份冒充投递等问题。攻击者可以通过硬件或软件的漏洞，大规模截获用户的人脸信息。

从应用层面看，居民扔的垃圾可能反映其私人生活习惯，存在一些不愿意被外界知道的私密信息，由专门的垃圾督导员监督用户执行垃圾分类本身已经引起关于隐私保护的争议。在人脸识别技术，尤其是智能垃圾桶周围部署的远程主动人脸采集监控探头，引入后，这种监督升级为全天候 24 小时自动化监督，用户的所有行为和投递的垃圾都可以被系统溯源定位，更容易引起关于隐私保护的争议。

（3）规范现状

2020 年 8 月 27 日，中国城市环境卫生协会发布《垃圾分类智慧系统技术规定》团体标准征求意见稿，但并没有针对系统关于个人信息保护与可能存在的隐私泄露问题进行专门规定，仅要求系统应符合现行国家标准 GB/T 20271《信息安全技术信息系统通用安全技术要求》中的有关规定，包括对用户重要数据的保护。

（4）公众态度

对于将人脸识别引入垃圾强制分类，消费者认为没有必要在垃圾投递场景引入人脸识别，他们对运营垃圾分类系统的主体资质存有担忧，即便负责该系统的企业具有保密协议，考虑到垃圾分类工作涉及多方主体参与，也难免出现规范管理不当而导致的信息泄露与隐私侵犯的问题。从结果来看，真正愿意使用人脸识别进行垃圾投递的人数较少。

（5）治理问题

负责运营智能垃圾桶的主体可能因缺乏完善的数据安保制度和保障能力，而导致用户的人脸等的敏感信息泄露。实现垃圾分类尚有其他替代方案，使用人脸识别系统面临高成本维护的问题，需要考虑必要性的问题。

5）智慧教育

（1）场景分析

场景所追求的主要价值：提高教员的教学质量，提高学员的学习积极性。

技术的主要运营主体：各类学校和在线教育平台，开发主体多为私营企业。

场景遭遇的实际问题：从校园管理角度看，依靠学校职工管理可能存在遗漏疏忽，出现校园内安全事故、校园霸凌、逃课等问题，这些会伤害学生的切身利益，对校园管理提出了挑战。学校要管理大量职工、学生的饮食、住宿、消费等，让大家在校园有一个舒适的环境也是学校考虑的重点。从教学管理看，在老师对学生的 1∶N 教育模式中，老师的教学囿于带宽有限、个人偏好、教学能力等，不能完全照顾到每一个学生的学习需求，不能有针对性地开展个性化教育。

技术解决问题的方式：人脸识别配合行为检测、支付系统、考勤系统等，可以在校园管理、教学管理中发挥优化作用。从校园管理角度看，人脸识别技术主要用于：① 考勤签到，学生进入教室时可通过人脸考勤设备进行识别，以判断学生身份，并判断签到状态如按时到、迟到、缺勤等；② 考试身份验证和学籍认证管理，通过人脸识别进行考场打卡，避免替考现象发生，同时可以利用人脸验证实现学籍管理，避免学籍被盗用；③ 校园安保，通过人脸识别实现门禁通行，建立在线师生通行白名单，防止陌生人入园或进入学生宿舍，或配合行为检测等技术，在重点区域部署视频监控，及时发现霸凌、拥挤踩踏等情况，减少安全隐患；④ 消费支付，在付款处利用人脸识别确认身份完成支付，加快支付流程，减少用餐高峰期拥堵排队的情况；⑤ 图书馆借还书。利用人脸识别实现无人自动借还书，不再使用学生证或校园一卡通，免去排队登记的过程，减少人力付出。从教学管理角度看，结合学生表情与肢体行为判断其学习情况，了解学生学习难点、兴趣点和注意力集中度。也可以通过追踪老师的表情、姿态等信息，了解老师的授课风格，并推荐给匹配的学生。作为个性化学习、精准教学的手段，智能情绪识别能为学生、家长、老师与学校管理者提供有价值的参考建议。

是否在受控环境使用：对于线下教学场景而言，具有校园安保、情绪识别功能的摄像头会部署在非受控环境，如教室、楼道、校园园区内外。具有考试身份验证、学籍认证、消费支付、图书馆借还书等功能的摄像头以受控形式部署，用户可以选择是否使用人脸识别功能进行身份确认。考勤签到可能在受控与非受控环境下部署。

数据流动的模式：从数据采集与处理角度看，非受控环境下的摄像头通过黑白名单，对区域内的人员进行无配合式的人脸采集。受控环境下的摄像头会在用户主动配合的条件下，对用户人脸进行采集。这种采集可能是自动触发的，也可能需要用户确认后才采集。对图像处理时，线下场景通过"云边端"的计算模式，将部分任务前置到摄像头或一些接入摄像头视频流的边缘小型服务器上，如人脸检测、人像抓拍、人脸特征提取、人脸识别等，然后再在云端（公有云或专有云或私有云）进行复杂任务的计算。对于线上教育，用户的数据会在本地设备如电脑、手机上进行部分任务的处理，如人脸检测、人脸特征提取。相关结果将会发送至软件部署的云服务器（大多为公有云）被进一步分析，以确认用户身份、评估学生学习专注度等。从数据存储的角度看，在线下教育场景中，边缘计算单元一般具备数据存储的能力，可以保存其采集的视频、图片与特征信息。这些设备也可以被预先输入一些信息，便于完成其在边缘端可以实现的功能，如保存黑白名单用户照片、姓名等。原则上，所有数据都可以传输到云端进行保存，具体情况依场景诉求而定。从数据转让与分享角度看，大部分产品均明确在用户未授权的情况下不会将用户数据转让或分享给第三方，除非将用户数据进行隐私化处理。从数据删除的角度看，线下教育场景的用户人脸信息可能因为学校规章等问题，无法删除或难以删除，而在线教育平台一般允许用户删除已上传的人脸信息。

（2）潜在风险

从数据安全层面看，无论是线下教育还是线上教育，用户的人脸数据都由运营主体如学校、网校掌握，这些主体的数据安全保护机制与意识有待提升。一旦产品开发方没有在数据安全技术、访问机制方面做好预先设计规划，将数据保护的责任全部交由运营方，可能因为运营者人数、环节众多、数据保护意识淡薄而引发数据泄露。

从算法与系统层面看，根据表情评估学生心理状态的有效性未在学界获得充分共识，将训练模型应用到实际学习环境中，可能将设计者的偏见或不周全考量也引入系统，导致系统得出的判断与学生实际的心理状态出现偏差。如有的学生可能学习能力强，但表现出的学习行为和其他学生相比差别显著，使得系统误认为该学生在学习方面存在问题，给学生打上错误的标签。从网络安全看，对于大多数缺乏运维能力的学校而言，使用在主流厂商公有云环境部署的智慧教育系统，能够确保其在运维、扩展等层面相较于私有化部署更具优势，安全性更高。

从应用层面看，教育场景涉及未成年人，他们的敏感信息或隐私保护被重点关注，一旦这部分人群的信息被泄露，其或将承受较大心理压力，从而影响其健康成长。此外，系统运营方也会由于各种原因受到舆论的强烈谴责，如不经过家长同意采集、分析学生面部信息等。即便经过家长的同意，系统也可能对学生的学习和心理产生不确定性影响，如学生可能养成欺骗性人格，在摄像头面前伪装自己的心理活动。另外，系统算法对学生的评估如果与真实情况出入较大，导致学生受到老师或家长的错误对待，可能严重影响其心理发展与学习积极性。最后，对于成年学生而言，面对全程心理分析的监控系统也会产生极大的不适感。

（3）规范现状

2019年9月，教育部针对在线教育App采集学生的个人信息问题表示"能不采就不采，能够少采就少采，尤其是涉及学生个人生物信息，对于人脸识别或肢体识别的App加以限制和规范，希望学校慎重使用"。此外，教育部等八部门发布的《关于引导规范教育移动互联网应用有序健康发展的意见》指出，不得以默认、捆绑、停止安装使用等手段变相强迫用户授权，不得收集与其提供服务无关的个人信息，不得违反法律法规与用户约定，不得泄露、非法出售或非法向他人提供个人信息。

（4）公众态度

从公众对人脸识别系统运营主体的信任角度看，南方都市报的报告显示，相对于私企，公众更信任学校能安全地使用人脸识别技术，但对于将人脸识别技术引入课堂有近一半的公众持不接受或不确定态度。2019年，人脸识别进校园事件在社会引发广泛争议，大量用户质疑使用人脸识别分析学生表情的必要性与合理性，认为没有考虑学生的主观感受，可能给学生带来伤害，违背了以学生为中心、尊重学生的教育理念。同时，公众认可将人脸识别技术用于校园安防等保护学生人身安全的场景，但需要加强数据安全保障，并从制度和技术上防止数据泄露。

（5）治理问题

负责运营人脸识别的主体可能缺乏完善的数据安保制度和保障能力，导致学生的敏感信息泄露。在一些场景下可能强制要求学生使用人脸识别，没有尊重学生的选择权。特别是利用人脸识别对学生的心理活动进行分析和预测涉嫌违反科学伦理，可能严重影响学生的心理健康。

6）线下智慧零售

（1）场景分析

场景所追求的主要价值：满足消费者便捷与高质量的购物体验。

技术的主要运营主体：连锁便利店、超市、大品牌的门店、大型商场、电商平台等，还包括房企售楼处，开发主体多为私企。

场景遭遇的实际问题：随着电商零售模式逐渐失去流量红利，零售巨头和电商开始探索新的零售业经营模式，将线下业务移至线上运营。在此背景下，运营商希望对用户在线下的消费进行画像分析，并打通用户线上线下的消费行为，形成用户消费的全景图，包括用户关注的品牌、价格敏感度、个人偏好等，实现精准营销。

技术解决问题的方式：实现对消费者的用户画像分析，需要建立与用户行为的数据入口，通过人脸识别、扫码支付、图像识别、物联网等，将用户的消费行为与数字世界绑定，为数据分析、精准营销、个性化服务提供数据支撑。人脸识别在智慧零售场景的应用包括：① 客户群消费特征分析和客流统计，通过视频抓拍，识别客户身份、客户属性（包括年龄、性别、情绪等），实现准确和实时的客流统计，将这些信息与行为分析、轨迹分析等结合，构建用户的消费行为画像，帮助门店了解客户的兴趣，并进行布局产品；② 智能导购，如导购机器人、智能大屏等可以为客户提供个性化建议，如果识别客户为已注册会员，可以根据其过往的消费，推荐适合的产品服务，同时记录其新产生的行为数据；③ 人脸支付，消费者购买的产品可以在人工或无人柜台进行人脸支付，高效便捷；④ 门店安防，对可疑人员识别或越界行为进行监控。

是否在受控环境使用：设备一般部署在门店各个出入口，或门店内的多个高空角落，能覆盖门店的全部区域，属于在非受控环境部署，消费者只要进入门店，人脸与行为便会被抓拍。即便不是已注册会员，系统不知身份，也可能编号，绑定面部信息和行为信息。对于智能导购和人脸支付，一般在受控环境中部署，用户可以主动选择是否在设备面前使用人脸信息。

数据流动的模式：从数据采集与处理角度看，智慧零售门店部署的非受控式摄像头，具备边缘计算能力，可以在设备端完成对人脸信息的无感检测、采集和识别。如果摄像头不具备智能分析能力，会选择将多个店内摄像头的视频流接入一个小型边缘服务器进行分析。边缘设备会将识别得到的人脸特征或身份信息发送至公有云或企业私有云环境，由云端的大数据分析平台进行客流分析、客户消费特征分析，提取出与门店运营相关的数据，如进店率、停留率、购买率、复购率等。另外，系统具备人脸聚类功能，将来访客户、员工等活动情况进行归档，实现客流标签化管理。门店部署的受控式设备如智能大屏、导购机器人等，其数据采集和处理方式与非受控式设备类似，会将前端经过分析得到数据上传至云端服务器进行分析。从数据保存的角度看，门店设备采集的原始人脸信息会在本地边缘服务器上保存一段时间，经过压缩后，上传至公有云或企业私有云环境。从数据转让与分享角度看，智慧门店采集的数据一般不会转让给第三方，但可能根据业务需要，分享部分数据给合作方。从数据删除的角度看，智慧零售场景下收集的各种人脸原始信息难以根据用户的需求实现完全删除。

（2）潜在风险

从数据安全层面看，智慧零售场景下的大量云边端设备之间会发生数据传输，当涉及用户敏感信息时，数据传输的安全性尤为关键。同时，当前很多系统将高度敏感的人脸信息和其他信息一并传输，如果传输过程中遭遇劫持、监听、篡改，将引发信息泄露。从数据存储安全角度看，智慧零售系统可以根据客户需要部署在公有云、专有云或客户私有云环境。门店采集、分析的数据一般交由门店人员进行运维，当系统不具备严格的数据安全机制或门店不具备严格的数据安全操作规范时，门店人员可能导出来访消费者的原始视频信息或用户画像信息，用于非业务所需的其他活动，严重情况下还可能存在买卖数据的风险。另外，数据买卖风险还可能发生于云服务商和其客户、客户与客户之间，几方主体通过互相买卖用户数据，实现对用户画像的全面掌握。从数据共享层面看，智慧零售商可能委托第三方基于部分用户数据实现各类营销活动，多方主体的数据保护能力参差不齐，如果共享的数据涉及人脸等敏感数据，一旦泄露或被不正当使用将给用户带来巨大不确定性风险。

从算法与系统层面看，智慧零售涉及的消费者群体庞大，摄像头部署环境千差万别，对算法的精度和稳定性提出了很高要求，系统将来访者识别错误，会影响消费者的正常消费活动（如售楼处用人脸识别进行客户渠道风控），可能给消费者带来风险。从系统层面看，智慧零售场景集成了包括软件框架、计算设施、智能传感器在内的一系列软硬组件，这些基础设施成为系统能否正常运转的前提。

从应用层面看，智慧零售门店部署了大量非受控式人脸识别设备，其数据采集和处理活动难以获得顾客的有效同意，且往往在顾客不知情的情况下采集其从人脸到行为的多维度信息，不仅可能侵犯客户隐私，泄露客户敏感个人信息，而且还可能引发诸如大数据杀熟、客户歧视等问题。因此，在没有更好的解决方案前提下，当前主流的智慧零售门店在人脸识别系统的使用上存在较大的社会伦理、法律合规风险。

（3）规范现状

目前，国内对智慧零售场景的视频监控与人脸识别尚未出台明确的规范或意见，但是监管机构已经采取了监管行动。如江苏省徐州市住房和城乡建设局向部分新开楼盘和续销楼盘项目发出口头通知，要求售楼处不得使用"人脸识别"系统。2021年的"3·15"晚会曝光了20多家知名企业在门店内安装人脸识别摄像头，在消费者不知情的情况下，窃取消费者人脸信息，标注顾客到店次数、性别、年龄、心情等信息，随后各地市场监管部门针对门店开展调查行动。

（4）公众态度

根据谷歌的调查发现，美国、英国、法国、德国、澳大利亚的公众对于向零售商分享自己的生物识别信息十分抵触，愿意分享的占比分别为5%、1%、1%、1%、0%。从英国Ada研究院对英国国民的人脸识别应用态度调查看，公众对于将人脸识别技术用于超市、商场以追踪其行为并进行营销活动的接受率仅7%。在中国，公众对智慧零售场景的人脸识别商业应用的接受程度相较公共安全、未成年人保护、教育、娱乐等场景更低，接受度为39.22%。很多人对在购物场所部署人脸识别较为抵触，认为严重侵犯了自己的隐私。

（5）治理问题

部署和运营人脸识别的主体可能缺乏完善的数据管理制度，可能缺乏相应的数据安保能力，容易造成用户信息的泄露和违法分享。很多门店在用户不知情的情况下，收集人脸信息，没有尊重用户的选择权。

7）娱乐应用

（1）场景分析

场景所追求的主要价值：娱乐类 App 接入人脸识别除保障账号安全性外，还能利用人脸识别实现各种创意的互动营销活动，比如用户使用 App 的美颜功能来美化照片，用户使用 ZAO 这种软件进行换脸等。

技术的主要运营主体：各种娱乐类 App 的运营者，比如美图 App 的运营者为美图公司。

场景遭遇的实际问题：用户对线上娱乐的创意需求越来越高，通过对图片进行处理，满足用户线上营销、游戏、社交等需求。

技术解决问题的方式：以"美图秀秀"为例，用户使用美图秀秀软件拍照后，使用图片美颜功能，此时 App 可接入人脸关键点位功能帮助用户定位眉毛、眼睛、下巴等关键部位。用户还可以自定义设计个性夸张、搞怪的人脸照片。

是否在受控环境使用：用户开启美颜功能或换脸功能一般需要用户的主动授权，通常处于受控环境下使用。

数据流动的模式：通常需要用户上传人脸数据，发生线下数据与线上数据的交换。在数据上传过程中，可能发生安全攻击。据中国信息通信院的一份报告显示，通过对人脸数据泄露安全问题的检测发现 1 款美图娱乐类 App 存在证书校验不当的安全问题，在 App 颜值管家功能中，用户自定义上传人脸特征数据，因为 App 未正确验证证书，存在中间人攻击风险，攻击者利用漏洞可能窃取传输的人脸特征数据。

（2）潜在风险

从数据层面看，App 运营者可能强制要求用户提供人脸数据，可能超过必要限度收集用户的人脸数据。App 运营者在缺乏安全保障能力或意识时，可能发生漏洞攻击事件，导致用户的人脸数据被窃取。此外，App 运营者可能非法交易用户的人脸数据，或者将数据用于其他用途而未获得用户的事前同意和授权。

从算法层面看，换脸的算法程序作为开源程序，可能被不法分子利用，专门用于开发制作虚假照片或视频的应用程序，导致算法被滥用。

从应用层面看，换脸产生大量虚假照片或视频，甚至引发社会危机。比如 AI 换脸最早在 2017 年火爆全球，曾被少数人用来换脸色情片女主角。

（3）规范现状

针对 ZAO 这种人脸识别 App，中共中央网络安全和信息化委员会办公室制定出台《具有舆论属性或社会动员能力的互联网信息服务安全评估规定》《个人信息安全规范》等法规标准，正在制定《网络生态治理规定》，目前在征求意见。中华人民共和国工业和信息化部则直接约谈 ZAO，要求对方全面加强内容管理、完善管理机制，确保用户个人信息安全和数据安全。2021 年 3 月 22 日，国家互联网信息办公室、工业和信息化部、公安部、国家市场监督管理总局四部门联合发布《常见类型移动互联网应用程序必要个人信息范围规定》。其中明确地图导航、网络约车、即时通信、网络购物等 39 类常见类型移动应用程序必要个人信息范围，要求其运营者不得因用户不同意提供非必要个人信息，而拒绝用户使用 App 基本功能服务。

（4）公众态度

南方都市报人工智能伦理课题组和 App 专项治理工作组发布了《人脸识别应用公众调研报告（2020）》，报告显示，对于"基于人脸图像分析的换脸、美妆、性格判断、健康状态预测等应用"，受访者中有 19.01% 选择不愿意接受。

（5）治理问题

运营人脸识别的主体既可能缺乏完善的数据管理制度，又可能缺乏相应的数据安保能力，容易造成用户信息的泄露和违法分享。人脸识别算法被滥用，产生大量假新闻、假视频，不利于社会稳定。

第四节　典型国家人脸识别治理现状

1. 欧盟的治理情况

1）技术运用情况

早期欧洲对人脸识别的使用总体上持谨慎态度。虽然有一些顶尖的人脸识别技术厂商如德国的 BioID、法国的 Idemia 和英国的 Smilepass 等，但由于欧洲社会非常重视个人隐私隐私保护等伦理、安全问题，使得其对人脸识别的应用采取了严格的监管治理措施，且被各国所关注。过度谨慎的监管在某种程度上延缓了欧洲的人工智能技术的发展。近年来，随着欧盟计划大力发展数字经济，提升人工智能等一系列新兴技术能力，在全球建立以欧盟价值观为核心的技术发展领导力，欧盟各成员国开始对人工智能技术愈发重视，逐渐走出自缚手脚的窘境，开始推行"负责任的人工智能"这一概念，并围绕人工智能的治理进行了大量新的尝试。

2）治理主体与机制

在欧盟层面，"欧洲数据保护委员会"于 2018 年 5 月 25 日成立，取代欧盟之前的数据保护监管工作组，负责保证当日生效的欧盟《通用数据保护条例》（GDPR）在所有欧盟成员国的一致执行，并促进各个成员国监管机构间的合作。欧洲数据保护委员会（EDPB）主要通过发布指南、建议、意见或决定来推进数据规则的落实。EDPB 有一个常设秘书处，被称为"欧洲数据保护专员公署"（EDPS）。EDPS 的主要任务为：第一，欧盟机构处理相关个人信息时，对其进行监督并确保个人数据和隐私受到保护；第二，就处理个人信息的事宜向欧盟机构提供建议；第三，监督可能影响个人数据保护的新技术；第四，在欧盟法院进行适当介入，为数据保护法的解释提供专家意见；第五，与各国监管机构合作，提高保护个人数据的协调性。EDPS 作为一个独立的执法机构，已经开展了多次执法行动，如 2019 年 EDPS 调查欧盟委员会和其他欧盟机构与微软的软件交易是否遵守了数据保护规则。

在成员国层面，主要国家都规定了本国的数据保护机构的职权。如爱尔兰设立"数据保护委员会"，曾经调查过 Facebook 利用外部链接从第三方软件转移个人数据至 Facebook 及其合作方。法国设立了"国家信息与自由委员会"。2019 年该委员会发布了关于人脸识别的报告。德国有"联邦数据保护与信息自由委员会"，曾经对一家社交媒体企业因泄露数据进行处罚。英国作为脱离欧盟的国家，也建立了完善的数据保护机制，英国"信息专员办公室"（ICO）专门负责数据执法，2019 年 ICO 连续发布两份关于人脸识别的报告，并联合澳大利亚的执法机构启动对 Clearview AI 滥用人脸信息的调查。

3）治理政策与措施

（1）对生物信息实施严格的监管政策

在欧盟，根据 GDPR 的规定，人脸识别信息作为生物识别信息，被纳入个人信息受到严格保护。GDPR 赋予公民的权利包括：① 知情权与同意权，企业收集用户的个人信息，需要提前告知并获得用户同意；② 删除权，用户可以基于以下理由要求删除企业存储的个人信息，理由包括不再需要数据、数据主体不再同意、数据存储的期限届满。

（2）没有直接禁用，但对在公共场所使用人脸识别进行严格限制

2019 年 12 月，在欧盟《人工智能白皮书（草案）》中，欧盟委员会曾经考虑对公共或私人机构在公共场所使用人脸识别技术实施 3 ~ 5 年的禁止期，但是 2020 年最终发布的《人工智能白皮书》删除了禁止人脸识别技术的内容。欧盟最后对人脸识别坚持开放的态度考虑到了普及新技术会带来巨大的效率和收益，特别是在欧盟大力发展数字经济的背景下，机械地禁止新技术不能满足欧盟经济发展的需要。虽然欧盟对人脸识别技术秉持了开放态度，但为了加强对个人隐私的保护，欧盟在《人工智能白皮书》提出人工智能企业必须通过相关部门的安全测试和资质审核才能进入欧盟市场，而且对人脸识别等远程生物识别系统提出严格要求，应用此类技术应基于正当和相称的目的，并具备足够的安全保障。2021 年 4 月，欧盟委员会发布《人工智能法案（草案）》，原则上禁止在公共场所使用"实时"远程生物特征识别系统，但进行了除外规定，即为了寻找特定的潜在犯罪受害者（包括失踪儿童）、预防恐怖袭击等威胁以及定位重要犯罪嫌疑人。

（3）发布报告要求使用人脸识别应避免侵犯人权

2019 年 11 月，欧盟基本权利局发布《人脸识别技术：执法中的基本权利考虑》报告，该报告分析了人脸识别对基本权利带来的挑战，并介绍公共机构部署人脸识别实现执法目的时避免侵犯人权应采取的步骤。

欧盟基本权利局提出人脸识别的利益相关方在使用该技术前应考虑以下问题：① 必须有足够清晰和详细的法律框架监管人脸识别的部署和使用，确定何时需要对面部图像进行处理取决于使用该技术的目的以及为保护面部图像而采取的保障措施；② 必须对面部图像的处理目的进行区分，第一种目的是

比较两个面部图像以验证是否属于同一人，第二种目的是识别出个人是否属于受监控人员，在第二种情况下，侵犯公民的基本权利的风险更高，必须严格进行必要性和比例性的检验；③ 从部署在公共场所的摄像机中提取面部图像尤其具有挑战性，这样使用会引发对国家与个人之间力量失衡的担忧，个人可能没有意识到他们的面部图像与监控数据库相匹配，且与在受控环境（如机场或警察局）中拍摄的面部图像相比，监控数据库中的面部图像出错率更高，因此，应严格限于打击恐怖主义和其他形式的严重犯罪，或用于查明失踪人员和犯罪受害者；④ 从部署在公共区域的摄像机中提取面部图像时，必须考虑摄像机的位置，而用于体育或文化活动与人们行使基本权利的活动有区别，如在示威期间使用人脸识别可能产生"寒蝉效应"，公民不敢行使其集会和结社自由；⑤ 人脸识别算法不会提供一个确定的结果，只能提供两张脸是否属于同一人的概率，而在执法中，可能导致个人被错误地标记，部署这项技术时，应将错误标记的风险降到最低；⑥ 基本权利影响评估是确保在人脸识别应用中保护基本权利的基本工具，需要评估所有受影响的权利，公共机构需要从产业界获得所有必要信息；⑦ 随着科技发展，对基本权利的干扰难以预测，因此，由独立的监督机构监测人脸识别的发展至关重要。为了防止基本权利受到侵犯，监管机构必须拥有足够的权力、资源和专业知识。

（4）发布指南 ① 建议使用人脸识别的主体进行数据保护影响评估

2021 年 2 月，欧盟发布《人脸识别指南》，该指南提出使用人脸识别的主体应进行数据保护影响评估，因为人脸识别涉及生物特征数据的处理，对数据主体的基本权利带来高风险。相关主体在影响评估中应阐述的内容包括：使用人脸识别的合法性、涉及哪些基本权利、数据主体的脆弱性以及如何有效降低风险。如果在不受控制的环境中部署人脸识别，执法机构应该有以下措施：① 评估部署人脸识别的必要性和相称性；② 根据不同场景的用途说明人脸识别对包括数据保护、隐私保护、言论自由、集会自由、行动自由或反歧视等基本权利造成的风险。数据保护影响评估可以由主体自身或通过独立的监督机构进行，也可以通过具有专业知识的审计员协助。影响评估时，相关主体必须与

---

① 指南在欧盟的规则体系中不具有法律约束力。

包括受影响个人在内的利益相关方接触，并在他们的视角下评估潜在影响。相关主体必须定期开展评估，若识别出风险，应将其移送至监管机构进行审查。完成评估后，相关主体应该发布评估结果向社会公众征询意见。

4）治理实践

（1）英国对违规使用人脸识别的行为采取执法行动

英国没有专门针对人脸识别的详细监管机制，数字图像和输出结果会被视为英国《2018 年数据保护法》规定中的"个人数据"。从执法看，使用人脸识别受到 2012 年《保护自由法》、2010 年《平等法》和 1998 年《人权法》的约束。在南威尔士警方案中，英国上诉法院最后判决认为南威尔士警方利用人脸识别侵犯人权。对此，英国信息委员会办公室（ICO）也呼吁制定新的具有约束力的守则，为哪些场景可以被视为必须部署人脸识别提供明确指引。同时，ICO 对违规利用人脸识别的企业进行调查，2020 年 7 月，ICO 与澳大利亚的信息委员会办公室（OAIC）宣布对 Clearview AI 公司进行联合调查，重点调查 Clearview 使用的人脸识别，因为它从社交媒体和网站上违规采集了 30 亿幅人脸图像。

（2）法国提出应对人脸识别进行仔细考量

2018 年 6 月，法国颁布了《法国数据保护法》，并规定"未经同意，无论是公营还是私营的运营者，都必须经过法律授权才能处理生物特征识别数据。"法国数据保护机构（CNIL）没有对人脸识别持否定态度，而是认为使用该技术时不仅要考虑保护公民的隐私权和个人数据权，还要激发公民对技术的信任。2019 年 11 月，CNIL 发布一份关于人脸识别的报告，指出使用人脸识别对公共场所的匿名性会构成威胁。因为公共场所是人们行使自由权的地方，无须自示身份或者被动地被识别身份。在法国，这种匿名性受到法律保护。公权力或私人机构对这种匿名性进行侵犯涉嫌违法，因此必须对相关技术进行仔细考量。

（3）瑞典对违规使用人脸识别的学校进行处罚

2019 年 9 月，瑞典数据保护局（DPA）对其北部一所学校开出该国的第一张 GDPR 罚单，处罚金额高达 19000 欧元。DPA 认为该校使用人脸识别进行考勤，违背了 GDPR 中关于隐私保护的条款。并且在开始该项目时，学校未到 DPA 进行备案，也未做合理的评估。DPA 认为数据的采集者与被采集者之间存在明显的不对等关系，可能造成数据泄露。DPA 的处罚案例显现出瑞典对人脸识别倾向强监管制的态度。

2. 美国的治理情况

1）技术运用情况

美国的人脸识别技术一直处于国际领先地位，知名的人脸识别厂商中有大半来自美国，包括 Aware、Fulcrum Biometrics、HYPR、Leidos、M2SYS、Nuance、Phonexia 等。但是对公权力利用人脸识别干预个人自由的顾虑为技术发展带来了一定阻力，美国民众对人脸识别被公权力使用有较大担忧，一些大企业削减了在这一领域的投入。2020 年，美国弗洛伊德事件引发社会对种族歧视的大讨论，美国警方的违规执法活动受到关注。人脸识别是美国警方执法的重要工具，自然也成为大家关注的焦点。这对美国的人脸识别产业产生了一定影响，如 IBM 宣称不再提供通用的人脸识别或分析软件，并表示坚决反对将技术用于大规模监视、种族歧视、侵犯基本人权和自由。再如亚马逊宣布将暂停警方一年内使用其备受争议的人脸识别技术。微软则在 2019 年就删除其最大的公开人脸识别数据库 MS Celeb。

2）治理主体与机制

在美国，暂没有一部联邦层面的数据保护法，各个州有自己的数据保护规则。2008 年美国伊利诺伊州颁布《生物信息隐私法案》，它是第一部州层面专门规范生物识别信息的收集、使用、保护、处理等环节的法律。首先，它赋予公民知情权和同意权，即采集公民生物识别信息需告知公民且经其同意。其次，企业有即时销毁数据的义务，收集目的实现后或最长三年必须销毁。最后，生物识别信息不得出售。2018 年 6 月，加利福尼亚州通过了《加州消费者隐私法》，该法赋予了消费者若干数据权利。

美国联邦层面没有一个专门的、统一的数据执法部门。如果涉及消费者侵权的事项，美国联邦贸易委员会将采取执法行动，其中一项重要的职能是保护消费者利益。具体到人脸识别这一新兴技术，美国民间的多个行业机构发布了多个报告或操作建议，具体包括：2014 年 5 月，美国公民自由联盟发布人脸识别的伦理框架。2014 年 8 月，美国国际生物和识别协会发布生物信息商业利用隐私的最佳实践建议。美国商会就人脸识别提出应遵循透明度原则，且应基于个案考虑监管措施的建议。美国国家通讯和信息部发布《人脸识别商用的隐私最佳实践建议》，号召利益相关者发布自愿执行的行为准则。整体而言，美国对数据隐私或人工智能技术的监管采取行业自律的方式，坚持以市场为主导，并辅以政府监管。

3）治理政策与措施

（1）美国联邦层面仍在审议一项人脸识别法案

2020 年 2 月，两位民主党议员向参议院提出了《符合伦理的使用人脸识别法案》，要求在国会发布人脸识别使用指南前，非经授权政府机构不得使用人脸识别。该提案的主要内容包括：① 限制使用人脸识别　在颁布人脸识别使用指南前，政府机构不得安装任何与人脸识别相关的设备，不得访问或使用通过人脸识别获得的个人信息，不得在没有逮捕令的情况下使用人脸识别技术识别特定个人；② 执行规定　个人认为政府机构违反规定使用人脸识别技术的，可以向地方法院提起民事诉讼。除非有其他法律规定，联邦基金不得被联邦政府或州政府用于投资人脸识别软件、购买人脸识别技术服务或者获取图像以用于人脸识别系统；③ 成立国会委员会　成立一个国会委员会，负责考虑和制定人脸识别准则。建议委员会由 13 名成员组成，来自执法人员、隐私保护专家或受人脸识别负面影响最大的群体。

（2）多个州发布法案约束公共机构使用人脸识别

2020 年 2 月 14 日，美国加州颁布《人脸识别技术法案》，该文件对州内私营主体与公共主体分别应如何使用人脸识别进行具体规定，如私营主体使用人脸识别应当遵守通知 – 同意原则。公共主体使用人脸识别应发布问责报告，并对使用情况进行披露。该文件还规定了人工复审机制，即通过使用人脸识别作出决策时，如果该决策会对个人产生法律效力或其他相似重大影响的（如升学、就业机会等），数据控制者应采取人工复审的干预机制，以确保当决策出现偏差时能够及时被纠正。2020 年 3 月 12 日，美国华盛顿州通过《人脸识别保障法》，政府机构可以使用人脸识别，但是不应该用于大规模监控或追踪公民。只有获得授权的情况下才能进行人脸识别扫描，而且所使用的系统必须经过测试并保证不会因肤色和年龄出现不公平差异。

（3）多个州禁止公共机构或学校使用人脸识别

2020年12月，美国威斯康星州麦迪逊市议会批准了一项法令，禁止包括执法部门在内的政府机构使用人脸识别或从面部监控系统中获得信息。根据该法律，仅允许使用该技术识别和查找人口贩运、儿童性剥削或失踪儿童的受害者。2020年12月22日，纽约州州长签署了一项法案，叫停该州学校使用人脸识别。同时，还指示纽约州相关部门研究学校是否适合使用人脸识别，并据此发布指导建议。法案还规定在2022年7月1日前，或政府部门的研究完成前，任何学校不得购买或使用包括人脸识别在内的生物识别技术，除非经过相关部门的特别批准。另外，一些城市也直接发布禁令，包括旧金山、马萨诸塞州的萨默维尔、奥克兰、加州伯克利等禁止政府机构使用人脸识别。波士顿也发布了法令禁止人脸识别，但允许使用人脸识别解锁自己的设备。

4）治理实践

（1）Facebook因人脸识别引发集体诉讼并支付了高昂和解费

2020年Facebook因人脸识别引发的集体诉讼而赔偿5.5亿美元。起因是Facebook被诉违反了美国伊利诺伊州2008年制定的《生物信息隐私法案》，因为Facebook未经用户许可并告知使用期限，从该州数百万用户的照片中获取面部数据。Facebook最终同意向符合条件的美国伊利诺伊州用户共支付5.5亿美元和解费用和案件诉讼费。

（2）美国FTC要求Everalbum删除数据和算法

2021年1月，美国联邦贸易委员会（FTC）公布一项特殊的处罚决定，勒令一家名为Everalbum的公司删除其从客户手中收集的照片和利用这些数据训练出的所有算法。Everalbum的主要产品是一款名为Ever的相册软件，这一软件允许用户将移动设备、电脑上或社交媒体账户中的照片和视频上传到云端存储，声称可以帮助用户节省手机空间，但未告知用户其盈利模式。2017年2月，Ever应用中上线了一个名为Friends的功能，其使用人脸识别技术将用户的照片按照内容自动分组，并允许用户自行标记照片中的人名。Everalbum在启动"好友"功能时在默认情况下为所有用户启用了人脸识别，且无法手动关闭。2019年，媒体曝出Ever利用其收集的用户照片训练人脸识别算法，且未在其隐私条款中写明，严重侵犯了用户的隐私权。此外，他们还将训练出的算

法卖给执法机构和军方。

3. 社会组织的治理建议

1）世界经济论坛

2020 年 2 月，世界经济论坛（WEF）发布《针对人流管理的人脸识别负责任使用框架》白皮书。白皮书指出人脸识别作为最强大的生物识别技术之一，人们对该技术的担心与日俱增，因此迫切需要建立人脸识别的监管框架，确保负责任地使用人脸识别技术。白皮书从确保负责任地使用人脸识别的监管框架和人脸识别人流管理系统的政策展开分析。

（1）使用人脸识别应遵循的基本原则

世界经济论坛提出使用人脸识别的十一项原则，具体包括：① 避免偏见和歧视 使用人脸识别的组织应采取措施，减轻不公平的偏见或结果；② 合比例使用 应当在一定范围内合乎比例地使用人脸识别，不能无限扩大人脸识别的使用场景；③ 隐私保护 人脸识别系统应设计出支持隐私保护的功能，要求提供隐私注意事项，并在系统的测试和运行等阶段提供隐私保护支持；④ 问责制 使用人脸识别的机构应当确保自身与第三方提供商或业务合作伙伴之间明确责任承担与分配机制，各方主体应建立而且公开人脸识别的设计和使用治理原则；⑤ 风险评估与审计 应当建立风险评估机制，对隐私问题、错误、偏见、黑客攻击、缺乏透明度等事项进行风险评估；⑥ 性能 应当在设计和运行阶段分别评估系统的准确性和性能，评估报告应当由第三方组织审核后提供给用户；⑦ 知情权 应该建立流程对接对使用人脸识别系统有疑问以及需要相应信息的用户，用户可以根据需求访问其生物识别信息；⑧ 同意 应当获得用户对于使用人脸识别系统的明确肯定的同意，数据保留时限等问题也应当获取用户的同意；⑨ 通知 在公共场所使用人脸识别应当设置清晰的提示标志，确保用户了解使用人脸识别的区域；⑩ 儿童权利 对儿童应当提供人脸识别的替代性方案；⑪ 替代选择和人工介入 进行完全的自动化决策时，应设置人员接管的后备系统，以解决错误，还应设置替代方案。

（2）使用人脸识别应采取的管理措施

世界经济论坛提出使用人脸识别应采取的管理措施，具体包括：① 证明使用人脸识别的合理性　需要说明与其他技术相比，人脸识别是如何能更好地解决问题。使用人脸识别的机构要说明为了满足什么样的目的以及在哪些情形下必须使用人脸识别；② 设计符合用户特征的数据计划　根据用户特征，需要设计出能够公正、公平地收集用户数据的计划，防止出现偏见，应加强对用户隐私的保护；③ 减少偏见　为减少偏见，开发以及使用人脸识别的机构应首先评估使用过程中的每一个具体步骤，考虑每种情形下错误产生的影响，其次再记录用户的特征，包括年龄范围、性别、国籍以及种族信息，并优先评估偏见产生的风险，再次记录在系统设计过程中需要纳入考虑的人员特征，如对于戴头巾或戴头饰的人的性能如何，最后对于已识别出的各种偏见，应当进行系统评估，明确评估的指标以及评估方式等；④ 实施降低偏见风险的方式　在系统开发过程中持续进行风险评估，可以在设计阶段实施减少风险的措施，如提升传感器的质量，可以增强对算法的训练提高系统的准确性；⑤ 评估系统识别开发阶段可能产生的偏见　在开发过程中应多次评估系统的偏差，以留出时间进行修正，如果对用户造成危害，则在危害消除前不得应用系统；⑥ 保证系统的透明性　用户应当能够访问以下信息，如人脸识别系统功能的相关信息、使用说明、隐私条款等。

　　2）兰德研究机构

　　2020 年 5 月 14 日，兰德公司发布报告《人脸识别技术——设计保护隐私并防止偏见的系统》。该报告建议：① 在公共场所收集诸如面部特征数据的任何技术都应保护这些数据，使用匿名化或其他方式减少可用数据量，建立严格的用户协议限制未经授权的访问；② 仔细考虑训练或目标数据集的组成和大小，避免结果偏差；③ 设计应用于面部匹配的可避免偏见的黑名单，并设定可接受的假阳性面部匹配率的阈值。报告认为未来有两大问题值得研究：① 如何保护受人脸识别影响的个人隐私；② 人脸识别应用中的偏见问题。通过研究人脸识别如何区别具有相同生理特征的群体，认为应该仔细考虑训练或目标数据集的组成和大小，以发现歪曲算法的潜在影响因子。

　　4. 跨国企业的治理实践

　　1）微软股份有限公司

　　微软股份有限公司在采用人脸识别时提倡六项原则，具体包括：① 公

平性　努力开发和利用公平对待所有人的人脸识别技术；② 透明性　将记录并清楚地传达人脸识别技术的功能和局限性；③ 问责制度　鼓励并帮助客户利用人脸识别技术，并在可能对人们产生重大影响的用途上实施适当的人工控制；④ 非歧视性　在服务条款中禁止将人脸识别技术用于非法歧视；⑤ 知情同意　鼓励私营客户在使用人脸识别技术时通知用户并征得用户同意；⑥ 合法监视　倡导在执法监督中使用该技术时，保障人民的民主自由，并且不会在可能危及这些自由的情况下使用人脸识别技术。早在 2018 年，微软股份有限公司就呼吁各公司建立保障措施，敦促各国政府立法，要求对人脸识别进行独立测试，以确保准确性。2019 年 4 月，微软股份有限公司拒绝了美国加州一家执法机构要求在警车和身体摄像头上安装面部识别技术的要求。微软股份有限公司还删除了公司最大的公开人脸识别数据库 MS Celeb。

　　2）亚马逊公司

　　2019 年 2 月，亚马逊公司提出使用人脸识别的五项建议，具体包括：① 人脸识别必须合法使用，包括遵守保护民事权利的法律；② 当人脸识别被应用于执法活动中时，人工审查是必需的步骤保证通过预测来做决定不会侵犯民事权利；③ 当人脸识别被执法机构用来识别或从事可能威胁民事自由的活动时，推荐 99% 的自信度分数阈值（confidence score threshold）；④ 执法机构应该对于他们如何使用人脸识别保持透明；⑤ 当视频监控和人脸识别被运用于公共场合或商业环境下时，应该通知。要求使用者明确披露其对技术的使用，并让用户批准相关条款和条件。在公共安全与执法领域，亚马逊公司认为政府可以与执法机构合作制定人脸识别的使用政策，既保护公民权利，又能让执法机构保护公众的安全。

　　3）谷歌信息技术有限公司

　　2019 年，谷歌信息技术有限公司宣布成立一个由外部专家组成的"全球技术顾问委员会"，监督公司在应用人工智能等新兴技术时遵循相关伦理准则。这个顾问委员会作为一个独立的监督机构，推动"负责任"的开发和利用人工智能，包括思考人脸识别、机器学习算法等技术应用中的伦理问题并提出建议。然而不到一周的时间，这个委员会就宣布解散，其中一位曾经当选的委员，也是隐私研究员亚历山德罗·阿奎斯蒂表示"虽然我致力于研究如何解决公正、权利和人工智能中包含的关键伦理问题，但我认为这不是从事这项重要工作的合适论坛。"另外，从 2020 年 12 月到 2021 年 2 月期间，谷歌信息技术有限公司解雇了伦理人工智能团队的两位重要研究员 Timnit Gebru 和 Margaret Mitchell。可见，在伦理方面企业实现自我约束仍然道阻且长。

第五节　全球治理政策的启示

1. 政治、社会和文化影响了欧美的治理态度

1）在政治背景方面，西方人对于政府监控充满恐惧

在第二次世界大战期间，人的人格尊严遭受严重的践踏，特别是纳粹政府对犹太人的迫害，使得人们对政府收集个人信息充满了担忧。人脸识别被用于学校、公共住房、公共交通、司法等公共领域，西方政府可以精准识别每个人，甚至实施严密的监控。出于此类担忧，欧美特别关注对公共机构使用人脸识别的限制，尽管公共机构将人脸识别用于维护安全，但仍会受到个人的质疑和挑战。在英国，2019 年 5 月，英国公民里奇斯认为南威尔士警方在未经其同意的情况下，两次使用人脸识别获取其面部特征，侵犯了他的隐私权。里奇斯认为警方的做法违背了《欧洲人权公约》，不符合英国《数据保护法》的规定。在美国，人们也对政府可能实施的监控充满了担忧。如加利福尼亚公民自由联盟（ACLU）在支持旧金山《停止秘密监控条例》时提出"如果允许政府通过人脸识别技术对人们进行监控，它将会压制公民参与、加剧警务歧视，彻底改变人们生存的公共空间。"《萨默维尔市禁止人脸技术监控条例》也指出"公共部门使用面部监视将使宪法所保护的言论自由受挫。"

2）在社会背景方面，西方的宗教和种族矛盾影响治理效果

西方对因宗教信仰、族群、性别等差异产生的偏见高度敏感。在美国，长达数百年的奴隶制导致黑人受歧视的问题非常严重。2020 年 5 月，美国警察暴力执法导致黑人乔治·弗洛伊德死亡，引发了社会对种族歧视的强烈抗议，也引起社会公众对人脸识别存在歧视缺陷的警觉。2018 年，美国一项研

究显示，被识别人肤色越暗，人脸识别错误发生率就越高。研究员分别用三款人脸识别系统对非洲国家的 1000 多名议员照片进行人脸识别，结果白人识别率远高于黑人。另外，英国《每日邮报》报道，伦敦一位黑人男子在上传头像照片中，只是因为嘴唇厚就被人脸识别系统认定为张着嘴，这种简单的识别误差被认为存在种族偏见。因此，欧美都非常担心人脸识别将加剧种族歧视，并要求对该技术实施严格的监管。

3）在文化上，欧美都非常看重隐私，但存在差异

欧洲人将隐私看成尊严的一个方面，美国人则将隐私当成自由的一个方面。欧洲大陆保护隐私的核心实质是对受尊重的权利及个人尊严权利的保护。按照欧洲的隐私权概念，隐私的一个重要敌人就是媒体，因为媒体经常使用伤害尊严的方式报道个人信息。在欧洲，个人尊严的保护成为长期和备受关注的焦点。在美国，人们更趋向于尊崇自由的价值，特别是个人反抗国家非法侵害的自由价值。美国隐私权在很大程度上保留了 18 世纪的形式，即隐私权是禁止国家非法侵扰的自由价值，特别是在个人住宅内不受外来的包括国家的侵扰。对于美国人，隐私权的最大威胁在于"住宅的神圣性"会被政府侵犯。因此，相较于欧洲人，美国人更少关注媒体对自身隐私权的侵犯，而是更渴望能在自己的住所内维持一种对住宅的私人的至高无上的统治。或许，因为欧美隐私权法律文化的不同，导致欧洲特别关注人脸识别可能导致的个人信息泄露，而美国特别关注公共机构滥用人脸识别侵犯个人的自由。

2. 欧美的治理路径和制度工具值得借鉴

1）守住底线，制定数据规则严格保护生物信息

在欧盟，GDPR 在保护生物信息上具有全球借鉴作用。GDPR 第四条明确规定"生物数据"包括了"面部图像"。第九条规定了特殊类型的个人数据处理规则，其中包括生物数据。GDPR 规定，对生物数据的处理应遵循"原则禁止，特殊例外"的原则，数据控制者可以将"数据主体同意"作为处理个人生物数据的例外，但该同意必须是"自由给予、明确、具体、不含混"的，数据主体的被动同意不符合法律规定。GDPR 还给予个体八项数据权利，具体包括知情权、访问权（Right of access）、更正权、删除权、限制处理权、可携带权、

反对权以及不受制于自动化决策的权利（含画像）。

在美国，虽然没有联邦层面的统一的个人信息法律，但是各个州在不同法律文件中规定了保护个人信息。美国伊利诺伊州的《生物信息隐私法》区分了"生物识别符"（biometric identifiers）与"生物识别信息"（biometric information）。"生物识别符"具体包括视网膜或虹膜扫描、指纹、声纹，或扫描手或脸的几何结构等。"生物识别信息"指根据用以识别特定个人的生物识别符所获得的任何信息。"生物识别信息"包含某种类型的"生物识别符"。人脸自然属于"生物识别符"和"生物识别信息"之一。该法案要求私人实体在收集个人的生物识别信息之前，提供通知，并获得个人的同意。通知和同意的形式都应当是书面的，并禁止任何拥有生物识别符或生物信息的私人实体出售、租赁、交易或以其他方式从个人或客户的生物识别符或生物识别信息中获利。伊利诺伊斯州、得克萨斯州和华盛顿州也发布过隐私法案，要求企业收集生物识别信息时告知个人，且收集生物识别信息前应获得同意。加利福尼亚州则在 2018 年 6 月通过了一项综合性隐私法，对生物识别信息的保护进行了规定。该法要求企业在收集个人信息前通知消费者，要求企业披露消费者的权利和选择，消费者可以要求删除或退出信息的销售。

2）增强人脸识别的可问责性

通过影响评估（或问责报告）、技术方案和伦理标准可增强人脸识别的可问责性。

在欧盟，《人脸识别指南》提出使用人脸识别的主体应该考虑如下措施：① 执行透明的政策、程序和实践，确保对数据主体权利的保护优先于其对人脸识别的使用；② 发布透明度报告；③ 为负责人脸识别数据的主体设立并提供培训方案和审计程序；④ 成立内部评审委员会，评估并批准任何涉及人脸识别数据的处理行为；⑤ 在公共部门中，特别是涉及执法目的时，在公共采购程序中应事先进行评估。欧盟要求使用人脸识别的主体必须进行影响评估，相关主体在评估中应阐述的内容包括：使用技术的合法性；涉及哪些基本权利；数据主体的脆弱性；降低风险的措施等。特别在不受控制的环境中部署人脸识别，执法机构应该考虑：部署人脸识别的必要性和相称性；说明该技术对数据保护、隐私、言论自由、集会自由、行动自由等不同基本权利的风险。影响评估可以由使用该技术的主体或通过独立的第三方机构进行。

在美国,华盛顿州的《人脸识别法》和加利福尼亚州的《人脸识别法》都提出了问责报告制度,针对主体是公共机构。加利福尼亚州的《人脸识别法》提出使用人脸识别的机构应编写并公布年度报告,具体要求包括:① 该机构使用人脸识别的程度;② 对问责报告条款遵守情况的评估;③ 已知或合理怀疑违反问责报告的行为;④ 下次更新政策时对问责报告的修订;⑤ 将报告提交至立法机构;⑥ 机构应在公布报告 60 天内举行会议,审查和讨论报告。

第六节 中国人脸识别治理现状

在中国,人脸识别技术发展得如火如荼,引发了诸多治理问题。2021 年的"3·15"晚会曝光了多个知名车企和卫浴企业门店违规使用人脸识别,引发了社会公众对人脸识别治理问题的热烈讨论。目前,我国对人脸识别总体上秉持监管与发展并重的原则,坚持以"管、促、创"的政策理念逐渐完善相关法律制度。

1. 推出过一系列促进人脸识别应用的政策

2017 年 7 月,国务院发布《新一代人工智能发展规划》指出建设安全便捷的智能社会,围绕行政管理、司法管理、城市管理、环境保护等社会治理的热点难点问题,促进人工智能技术应用,推动社会治理现代化。同时,围绕社会综合治理、新型犯罪侦查、反恐等迫切需求,提出研发视频图像信息分析识别技术、生物特征识别技术的智能安防与警用产品,建立智能化监测平台的要求。

2019 年 9 月,中国人民银行印发《金融科技(FinTech)发展规划(2019—2021 年)》,提出构建适应互联网时代的移动终端可信环境,充分利用可信计算、安全多方计算、密码算法、生物识别等信息技术,建立健全兼顾安全与便捷的多元化身份认证体系,不断丰富金融交易验证手段,保障移动互联环境下金融交易安全,提升金融服务的可得性、满意度与安全水平。

2019 年 9 月，工业和信息化部公开征求对《关于促进网络安全产业发展的指导意见》（征求意见稿），表示支持构建基于商用密码、指纹识别、人脸识别等技术的网络身份认证体系，着力提升支撑网络安全管理、应对有组织高强度攻击的能力，明确了生物特征识别技术在网络安全产业发展中的重要意义。

2. 逐渐完善规范人脸识别的法律法规与标准

《中华人民共和国民法典》第一百一十一条明文规定"自然人的个人信息受法律保护。任何组织或者个人需要获取他人个人信息的，应当依法取得并确保信息安全，不得非法收集、使用、加工、传输他人个人信息，不得非法买卖、提供或者公开他人个人信息。"《中华人民共和国网络安全法》第四十一条规定"网络运营者收集、使用个人信息，应当遵循合法、正当、必要的原则，公开收集、使用规则，明示收集、使用信息的目的、方式和范围，并经被收集者同意。"《中华人民共和国电子商务法》第二十三条规定"电子商务经营者收集、使用其用户的个人信息，应当遵守法律、行政法规有关个人信息保护的规定。"《中华人民共和国消费者权益保护法》第二十九条规定"经营者收集、使用消费者个人信息，应当遵循合法、正当、必要的原则，明示收集、使用信息的目的、方式和范围，并经消费者同意。经营者收集、使用消费者个人信息，应当以公开其收集、使用规则，不得违反法律、法规的规定和双方的约定收集、使用信息。"

针对生物信息的保护我国还发布了一些标准，包括《信息安全技术 个人信息安全规范》《信息技术 生物特征识别应用程序接口》《公共安全 人脸识别应用 图像技术要求》等。《信息安全技术 个人信息安全规范》对收集人脸识别信息的告知和存储要求作出了明确的规定，个人生物识别信息需单独告知使用目的、方式和范围，并且应当与个人身份信息分开存储且原则上不应存储原始个人生物识别信息。2020 年 11 月，工业和信息化部组织发布《App 收集使用个人信息最小必要评估规范人脸信息》团体标准，规定了移动应用软件对人脸信息的收集、使用、存储、销毁等环节的最小必要规范要求，并通过个人信息处理活动中的典型应用场景说明如何落实最小必要原则。2021 年 4 月 23 日，《信息安全技术 人脸识别数据安全要求》国家标准（征求意见稿）开始面向社会公开征求意见。该标准吸纳了《个人信息保护法（草案）》对人脸识别的相关规定，同时该标准还规定人脸识别数据不应用于评估或预测数据主体工作表现、经济状况、健康状况、偏好、兴趣等，剑指无感抓拍人脸背后的精准营销。该国标的制定将对行业发展起到重要引导作用，为执法检查提供依据。不过，目前的难点还是在于如何平衡信息保护与产业发展的关系，"不能一禁了之"。

此外，一些部门在具体应用场景中对人脸识别进行了规定，如中国人民银行 2016 年发布《关于落实个人银行账户分类管理制度的通知》明确规定"有条件的银行，可以通过视频或者人脸识别等安全有效的技术手段作为辅助核实个人身份信息的方式。"中国支付清算协会 2020 年发布《人脸识别线下支付行业自律公约》，要求各个会员单位"建立人脸信息全生命周期安全管理机制"，分别对数据采集环节、存储环节、使用环节提出具体要求，同时要求"应根据用户意愿，为其提供开通或关闭刷脸支付服务。"

各地针对人脸识别的特定应用场景出台不同政策。

在天津市，2021 年 1 月 1 日起施行的《天津市社会信用条例》第十六条规定"市场信用信息提供单位采集自然人信息的，应当经本人同意并约定用途，法律、行政法规另有规定的除外。市场信用信息提供单位不得采集自然人的宗教信仰、血型、疾病和病史、生物识别信息以及法律、行政法规规定禁止采集的其他个人信息。"据此，企事业单位、行业协会、商会等被禁止采集人脸、指纹、声音等生物识别信息。江苏省南京市住房保障和房产局紧急通知，要求楼盘售楼处未经别人同意，不得拍摄来访人员的面部信息。在杭州，《杭州市物业管理条例（修订草案）》规定，物业服务人不得强制业主通过指纹、人脸识别等生物信息方式使用共用设施设备。江苏省徐州市住房和城乡建设局向部分新开楼盘和续销楼盘项目发出口头通知，要求售楼处不得使用"人脸识别"系统。2021 年 3 月，为防止公共场所监控图像的不当采集而侵犯隐私，深圳市就《深圳经济特区公共安全视频图像信息系统管理条例（草案）》公开征求意见，规定禁止和限制监控摄像头的安装范围，要求设置明显提示标识。

表 4.3 是中国、美国、欧盟国家的人脸识别治理政策对比。

表 4.3　中国、美国、欧盟国家的人脸识别治理政策对比

国家	对比内容
中国	我国整体上秉持监管与发展并重的原则，一方面逐步完善相关法律规范，另一方面重点查处明显违规的典型案例。 　　在"硬法"方面，2020 年 5 月颁布的《中华人民共和国民法典》将生物识别信息列举为个人信息，2021 年 11 月实施的《中华人民共和国个人信息保护法》对人脸识别的用途进行了严格限制，即为了维护公共安全所必需，同时规定了例外原则，即取得个人同意。 　　在"软法"方面，2020 年 2 月，全国金融标准化技术委员会审查通过的《个人金融信息保护技术规范》，将生物识别信息列为敏感性最高的 C3 类信息，并要求金融机构不应委托或授权无金融业相关资质的机构收集 C3 类信息，金融机构及其受托人收集、通过公共网络传输、存储 C3 类信息时，应使用加密措施；不得公开披露用于用户鉴别的个人生物识别信息。 　　2020 年 3 月新修订的国家标准《信息安全技术 个人信息安全规范》规定个人生物识别信息属于个人敏感信息，并对个人敏感信息进行了特殊保护：传输和存储个人敏感信息时，应采用加密等安全措施；共享、转让个人敏感信息前，除向个人信息主体告知共享、转让个人信息的目的、数据接收方的类型以及可能产生的后果外，还应向个人信息主体告知涉及的个人敏感信息类型、数据接收方的身份和数据安全能力，并事先征得个人信息主体的明示同意；不应公开披露个人生物识别信息等。
美国	联邦政府出于保证本国技术创新全球领先性和维护国家安全等目的，对在国家层面进行人脸识别统一规制一直非常谨慎。到目前为止联邦层面暂无统一的法律规制人脸识别，多个州发布了法案规范私人主体和公共机构使用人脸识别，同时多个城市发布法案禁止公共机构或学校使用人脸识别，美国各地实施差异化的规制政策。 　　美国大众普遍担忧该技术加剧种族歧视和侵犯隐私，因此根据主体的不同采用了不同的治理路径，对政府部门使用人脸识别有四种选择：其一是禁止，包括旧金山市、马萨诸塞州的萨默维尔、奥克兰、加州伯克利等地。其二是特别许可使用机制，如美国乔治敦隐私与法律中心提议执法部门使用人脸识别采取特别许可制度，即需要获得法院许可，而且每年进行审计。其三是准许在特定情形下使用，如威斯康星州仅允许使用该技术识别和查找人口贩运、儿童性剥削或失踪儿童的受害者。其四是默认使用，对商业主体使用人脸识别主要从规制人脸信息的角度入手，通过制定比一般信息保护更严格的法案限制收集和使用人脸信息，如美国伊利诺伊州《生物信息隐私法》、加利福尼亚州《消费者隐私法》和美国正在审议的《商用人脸识别隐私法草案》，这些法案没有禁止人脸识别技术的商用，而是要求收集生物信息前，提供通知并获得个人同意，同时要求严格保护数据信息。

续表

国家	对比内容
欧盟国家	欧盟通过 GDPR 严格保护个人生物信息，并发布《人脸识别指南》指导合法使用人脸识别。 根据 GDPR 第九条的规定，对生物数据的处理遵循"原则禁止，特殊例外"的原则。数据控制者可以用"数据主体同意"作为个人生物数据处理的例外，且同意必须"自由给予、明确、具体、不含混"，数据主体的任何被动同意不符合 GDPR 的规定。①2019 年 7 月，欧洲数据保护委员会（EDPB）发布《关于通过视频设备处理个人数据的 3/2019 指引》，提供了一些降低风险的措施，包括对原始数据分离存储和传输、对数据加密、禁止外部访问生物识别数据、及时删除原始数据等。② 2021 年 2 月，欧盟发布《人脸识别指南》，建议使用人脸识别的主体进行影响评估，使用主体在评估中阐述的内容包括：使用人脸识别技术的合法性、生物识别处理中涉及哪些重要的基本权利、数据主体的脆弱性以及如何有效降低这些风险。

注：① 洪延青. 人脸识别技术的法律规制研究初探 [J]. 中国信息安全，2019（08）：85–87.

② Etteldorf C. EDPB Publishes Guidelines on Data Processing through Video Devices [J]. Eur. Data Prot. L. Rev., 2020, 6: 102.

第五章
人脸识别治理的国际经验与中国策略 ①

　　人脸识别被广泛运用于各种场景，如通行、测温、支付等。运用人脸识别提高了效率，在疫情期间，市场上出现了人脸测温设备，集测温与通行于一体，可以实现高效测温和快速通行。但是人脸识别也存在一些治理问题，据报道，杭州野生动物园要求客户"刷脸"入园，用户因此向法院提起诉讼。一些小区或楼宇安装人脸识别门禁，强制收集住户的人脸信息。互联网上出现了交易人脸信息的"黑色产业链"，严重威胁社会公众的隐私权、平等权、人身自由以及财产权益等。在"人脸识别第一案"中，法院支持了用户的诉讼主张，要求野生动物园删除面部照片，但是用户仅通过法院保护自身权益是不够的，因为根据"不告不理"的原则，用户只能主动提起诉讼才能获得在个案中的保护。在 2021 年市场监管部门的执法行动中，严查了一批滥用人脸识别摄像头的企业，并依据《中华人民共和国消费者保护法》对违法企业进行了处罚。但是这些治理措施都呈现出分散性、短期性和运动式的特点，针对人脸识别我国尚缺体系化的治理机制和措施。在全球人工智能产业迅猛发展和激烈竞争的局势下，"一刀切"地禁止人脸识别，将忽视新技术带来的收益和效率，这并非明智的选择。对此，本章从技术角度和场景应用角度解析人脸识别的公共安全风险，对欧美地区的治理政策进行横向比较，借鉴域外实践经验和治理工具，并提出适合中国国情的人脸识别治理策略。

---

① 本章节根据作者已发表论文《人脸识别治理的国际经验与中国策略》，进行了内容的调整和补充。具体请参见：曾雄，梁正，张辉.人脸识别治理的国际经验与中国策略［J］.电子政务，2021（09）：105–116.

第一节　人脸识别的技术原理简介

据国家标准《信息安全技术 远程人脸识别系统技术要求》（GB/T 38671–2020），人脸识别是指"以人面部特征作为识别个体身份的一种个体生物特征识别方法。其通过分析提取用户人脸图像数字特征产生样本特征序列，并将该样本特征序列与已存储的模板特征序列进行比对，用以识别用户身份。"[1] 人脸信息是一种生物特征信息，不同的人脸有不同的特征，技术人员利用深度神经网络基于人脸数据库进行学习，自动总结出最适合计算机理解和区分的人脸特征。每一张人脸可以表示为一个坐标，即在特征空间中的一个点，而且同一个人在不同照片中的脸在特征空间中非常接近。如在手机的人脸解锁应用中，系统会对比当前采集的人脸与提前注册的人脸在特征空间中的几何距离，若距离足够近，则判断为同一个人。

人脸识别的应用方式包括两类：第一类是人脸验证，即 1∶1 比对，判断两张照片中的人是否为同一人，典型应用场景是人脸解锁；第二类是身份查询或人脸辨识，即 1∶N 比对，识别当前的人是数据"底库"中的哪一个人，典型应用场景是追踪犯罪嫌疑人或会场签到。要实现这些功能，系统需要存储人脸和身份信息，在运行中会将见到的（或抓拍的）人脸与存储的人脸进行比对，找出匹配的人脸并确认特定的个人。此外，人脸识别还有一项较为边缘的功能，即发现人脸（detection），它不会对人脸进行识别，也不要求收集或存储可识别的信息。如在疫情期间，一些企业推出"非配合式测温产品"，利用 AI 图像技术和远程测温，在行人戴口罩的情况下，找准每个人的额头实现准确测温。如果仅是对行人测温，使用该技术时不需要存储人脸信息，也不需要存储随时抓拍的人脸照片。因此，仅使用"发现人脸"这一功能侵犯个人隐私或泄露敏感数据的风险较低。按人脸识别的使用主体分，主要为公共机构和商业机构。这两类主体使用人脸识别的目的有所不同，公共机构为社会公众提供公共服务，而商业机构为了追逐商业利益。因这两类主体的技术能力、安保能

---

[1]　国家标准化管理委员会. 信息安全技术远程人脸识别系统技术要求［EB/OL］.（2020–04–28）［2021–04–05］. http：//openstd.samr.gov.cn/bzgk/gb/newGbInfo?hcno=C84D5EA6AC99608C8B9EE8522050B094.

力以及管理规范有差异，用户对这两类主体使用人脸识别的信任感和支持度不同。按人脸识别的使用场合分，主要为公共场所和私人家庭场合。在这两类场合下，因人脸识别对社会公共利益或用户个人利益的影响不同，对应的合规义务有所差异。

人脸识别存在技术缺陷。首先，在数据层面。需要大量人脸信息进行针对性训练，而人脸信息属于敏感信息。系统若遭到攻击，容易泄露敏感数据。其次，在算法层面。训练算法的数据需要标注，标注数据的成本高，且人工标注会出错，一旦数据错误，训练出的算法也会出错。机器学习算法本身存在脆弱性和不稳定性，如图灵奖获得者姚期智院士提到"小猪变飞机"的例子，将一只小猪的照片加入一些"干扰"，系统可能将其识别为飞机。因而人脸识别系统容易遭受人脸照片或其他纸质面等物体的攻击。最后，在技术应用层面。在光照较差、被遮挡、人脸变形（如大笑或大哭）等情况下，神经网络较难提取出与标准人脸相似的特征，致使异常脸在特征空间中落到错误的位置，导致识别失败。在有大规模用户群体的应用场景中，人们需要极低的误报率，而现实中复杂的环境容易导致识别错误，反而降低效率。

第二节　人脸识别技术的公共安全风险

（一）从技术角度分析人脸识别的风险

从人脸识别的技术角度分析，由技术缺陷引致的风险包括：识别错误、歧视、安全漏洞等。

1. 人脸识别算法的识别错误

训练算法的实验室环境与现实环境之间存在差异，算法的准确度受到场景环境的影响，如戴帽子或戴墨镜、化妆、现场的光线和照片抓拍的角度等都会影响识别的准确率。算法的准确度直接影响通行效率，甚至影响对特定人员的认定结论，如以人脸识别鉴别罪犯，识别错误会导致错捕或错判。据媒体报道，美国公民自由联盟（英文简称"ACLU"）使用亚马逊公司的人脸识别软件进行了一项实验，发现软件错误地将 28 名国会议员认定为此前被捕的罪犯。

2. 人脸识别算法的歧视

训练数据的质量和类型都会影响算法的识别效果。如美国麻省理工学院对微软、Facebook、IBM 等公司的人脸识别系统进行测试后发现，系统检测肤色较深女性的出错率比检测肤色较浅的男性高出 35%。对此，人们质疑算法涉嫌性别歧视和种族歧视。算法是由人设计出来的，开发人员可能将自己的价值观嵌入到算法中，因而存在人为的偏见因素。

3. 算法容易受到安全攻击

在 GeekPwn 2020 国际安全极客大赛上，黑客向大家展示了劫持飞行的无人机、干扰自动驾驶汽车、戴上口罩"刷"别人的脸结账等算法攻击现象。据报道，清华大学某团队利用算法漏洞，在 15min 内解锁 19 个智能国产手机。可见算法客观上存在漏洞和缺陷。随着对抗训练的深度学习技术的发展，人们可以合成高精度的人脸信息。如以"深度伪造"技术合成人像、声音和视频，用以欺骗人脸识别系统，这会侵犯公民的隐私权、肖像权、名誉权等，甚至威胁社会安全和稳定。市面上不同厂商的人脸识别系统的技术安全水平千差万别，缺乏统一标准，有的基于二维图片来识别，成本低，安全性能也低。据媒体报道，在一些安装了人脸识别门禁的小区，现场抓拍住户的照片后，能以照片打开门禁。

（二）从运用场景角度分析人脸识别的风险

人脸识别在不同应用场景中产生不同的风险，本节选取设备解锁、楼宇园区管理、市场营销、城市治理、教学管理、实名认证等应用场景，结合媒体曝光的多起典型事件，识别每一种场景对应的风险后果，具体包括侵犯隐私、泄露敏感信息、滥用等。表 5.1 给出了人脸识别若干应用场景的风险事件与风险后果。

表 5.1　人脸识别若干应用场景的风险事件与风险后果

应用场景	风险事件	风险后果
手机解锁或人脸支付	清华大学研究团队利用系统漏洞 15min 内解锁 19 个手机。 人工智能公司 Kneron 用 3D 仿真面具和照片破解人脸识别系统，并使用 3D 面具骗过支付宝的人脸识别支付	威胁个人财产安全

续表

应用场景	风险事件	风险后果
管理楼宇（或园区），如人员通行、人脸梯控、人脸考勤、VIP 迎宾和访客管理	杭州野生动物园的年卡系统升级为人脸识别。某些小区要求居民到物业录入人脸信息启用人脸识别门禁	敏感信息泄露 强制要求刷脸侵犯人格尊严 未经"告知–同意"侵犯个人隐私权
在商场或门店用人脸识别进行客户管理或预测营销	2021 年"3·15"曝光某企业在店内安装人脸识别摄像头，在顾客不知情的情况下抓拍和识别。在售楼处安装人脸识别辨别客户身份，按"客户类型"定不同价	敏感信息泄露 强制要求刷脸侵犯人格尊严 未经"告知–同意"侵犯个人隐私权 不公平待遇和歧视
用于城市治理，包括保护公共设施、保障"市容市貌"、维护公共卫生、实现垃圾分类等	某城管局网上曝光"不文明"市民穿睡衣出行，公开露脸照和身份证信息。某地在公共厕所安装"人脸识别供纸机"	敏感信息泄露 曝光身份信息侵犯人格尊严 未经"告知–同意"侵犯个人隐私权
用于教学管理，包括识别学生面部表情、记录学生课堂表现	某些学校在教室内安装人脸识别获得学生课堂出勤率和抬头率等。某些在线教育机构推出面部情绪识别与专注度分析系统，基于人脸表情分析学生情绪	敏感信息泄露 强制要求刷脸侵犯人格尊严 受到实时监控侵犯个人自由权利
用于核验身份，包括在线会员认证、金融业务办理、直播业务核验、民事政务办理、在线考试等	某行动不便的老人为激活社保卡，到银行网点被人抱起进行人脸识别	敏感信息泄露 强制要求刷脸给特殊群体（老人、残障人士或儿童）带来不便

数据来源：作者整理。

1. 人脸信息的收集、存储和使用情况不透明

在多数场景中，应用人脸识别需要收集和存储人脸信息。人脸收集设备越来越隐蔽和智能化，个人越来越难以掌控自己的人脸信息。因缺乏统一的行业标准，人脸数据存储于各类运营者手上，用户并不知晓这些数据是否脱敏、是否有安全保障措施、是否对外分享等。这些数据库可能被黑客入侵，可能被内部拥有权限的人员用于非法目的，最终导致敏感信息泄露，产生严重的侵权

事件。如央视新闻调查发现，在某些网络交易平台上，只要花 2 元钱就能买到上千张人脸照片。

2. 泄露人脸数据库引发安全问题

人脸属于重要的生物特征信息，具有主体唯一性和不可变更性，一旦被收集和分析再难摆脱技术的"束缚"。特别是身份证、手机号、家庭住址、银行卡号等与人脸关联后，他人可能"骗过"系统进入特定空间或实现金融交易，由此产生严重的人身和财产损害。多数人脸识别开发者或运营者缺乏数据管理机制，无法安全存储和保护数据库。以物业公司为例，如果住宅区或办公楼的人脸识别系统交由物业运营，他们可能缺乏技术能力和动力保障数据安全，甚至将住户的地址、联系方式和人脸等外泄，带来安全隐患。

3. 人脸识别被违规滥用

人脸识别可能被用于不正当目的，如用于追踪个人行踪，通过锁定位置和分析轨迹，使人处于联网监控中，侵犯到个人的隐私和行动自由。人脸识别还被用于引发道德争议的场景中，如 2017 年，斯坦福大学的研究团队研发人脸识别算法实现以人脸预测性取向。还有人利用人脸识别分析和推断自然人的情绪，实现"察言观色"。国内某些部门在网上曝光"穿睡衣出行"的市民，曝光内容包括姓名、身份证号和证件照等，涉嫌侵犯人格尊严。人脸识别也会在违背比例原则的情况下被使用，如有的公共厕所用人脸识别防止浪费厕纸，有的小区安装人脸识别垃圾桶实现垃圾分类。在这些场景中，因潜在风险大，运营成本高，人脸识别并非是一种有效率的方案。

第三节　欧盟和美国的人脸识别治理政策比较与启示

近期，欧盟和美国出台了一系列人脸识别治理政策，本节比较分析欧美的治理政策和实践经验，提出中国本土化的治理策略。

（一）欧盟的治理政策与实践

欧盟为人脸识别确立了贯穿数据、算法和运用这三个环节的规则体系，就人脸识别使用者（公共机构和私营主体）、开发者（包括生产者和服务提供者）提出了具体要求。在实践方面，瑞典依据欧盟《通用数据保护条例》（英文简称"GDPR"）对违规使用人脸识别的学校进行了处罚。

1. 通过数据规则严格保护生物识别信息

在欧盟，GDPR 为人脸数据提供了全面的和严格的保护。它赋予个人的权利包括以下几种。首先，知情权与同意权。企业收集用户的个人信息，需要提前告知并经用户同意。其次，删除权。用户可以基于以下理由要求企业删除个人信息，包括：不再需要数据、数据主体不再同意、数据存储期限届满等。最后，反对权。当完全依靠自动化处理对数据主体作出具有法律影响或类似重大影响的决定时，数据主体有权反对此决定。

2. 发布使用指南对人脸识别进行严格限制

2019 年 11 月，欧盟基本权利局发布的《人脸识别技术：执法中的基本权利考虑》（Facial recognition technology：fundamental rights considerations in the context of law enforcement）[1] 分析了人脸识别技术对基本权利的挑战，并要求实施基本权利影响评估。出于对公民基本权利的考虑，欧盟委员会曾在《人工智能白皮书（草案）》中考虑对公共或私人机构在公共场所使用人脸识别实施 3 ~ 5 年的禁止期。[2] 但是最终发布的《人工智能白皮书》（White Paper on Artificial Intelligence）删除了禁止人脸识别的内容。虽然欧盟没有完全禁止人脸识别，但是提出了非常严格的使用条件，如要求通过安全测试和资质审核才能进入市场，而且只能基于正当和相称的目的，并具备足够的安全保障[3]。欧盟对人脸识别的态度经历了从严格禁止到严格适用的转变[4]，2021 年 2 月，欧盟发布《人脸识别指南》（Guidelines on Facial Recognition），以指导各类主体

---

[1] European Union Agency for Fundamental Right，Facial Recognition Technology：Fundamental Rights Consideration in the Context of Law Enforcement［EB/OL］.（2021-04-05）［2021-04-05］. https：// fra.europa.eu/sites/default/files/fra_uploads/fra-2019-facial-recognition-technologyfocus-paper.pdf#：~：text=Facial%20recognition%20technology%3A%20fundamental%20rights%20considerations%20in%20 the，determine%20whether%20they%20are%20of%20the%20same%20person.

[2] MIT Technology Review［EB/OL］.（2020-01-17）［2021-04-05］. https：//www.technologyreview. com/2020/01/17/238092/facial-recognition-europeanunion-temporary-ban-privacy-ethics-regulation/.

[3] European Union Agency for Fundamental Right，Facial Recognition Technology. White Paper on Artificial Intelligence- A European approach to excellence and trust［EB/OL］.（2020-02-19）［2021-04-05］. https：//ec.europa.eu/info/sites/info/files/commission-whitepaper-artificial-intelligence-feb2020_en.pdf.

[4] 林凌，贺小石. 人脸识别的法律规制路径［J］.法学杂志，2020，41（07）：68-75.

合规使用人脸识别。

3. 通过透明度报告、数据保护影响评估、审计机制等保障人脸识别的可问责性

根据欧盟《人脸识别指南》，开发者应保证数据和算法的质量，遵守数据保护原则。对于使用者而言，私营主体仅在受控的环境（指需要当事人参与）下使用人脸识别，应确保数据主体自愿作出同意。明确禁止私营主体在购物中心等不受控的环境（指个人可以自由出入的地方）运用人脸识别，特别是为营销目的或非公共安全目的。不管是公共机构还是私营主体，都应保证数据处理的合法性和保障数据安全，同时采取措施保证可问责，包括发布透明度报告、对处理人脸识别数据的主体提供培训方案和审计程序、要求成立评审委员会评估和批准人脸数据的处理、公共部门使用人脸识别前应在公共采购程序中实施事前评估等。欧盟《人脸识别指南》还重申了使用人脸识别的主体应进行数据保护影响评估，因为人脸识别涉及对生物特征数据的处理，对数据主体的基本权利构成高风险。相关主体在影响评估中应阐述的内容包括使用人脸识别技术的合法性、涉及哪些重要的基本权利、数据主体的脆弱性，以及如何降低风险。

4. 由数据保护机构负责对人脸识别进行监督执法

在欧盟层面，欧盟数据保护委员会（英文缩写"EDPB"）负责监督执行数据保护规则，促进各成员国监管机构间的合作。EDPB 有一个常设秘书处，被称为欧洲数据保护专员公署（英文缩写"EDPS"），它是一个独立的执法机构。在成员国层面，法国设立的国家信息与自由委员会（英文缩写"CNIL"）于 2019 年发布关于人脸识别的报告。2019 年 9 月，瑞典数据保护局（英文缩写"DPA"）依据 GDPR 对一所学校开出罚单。DPA 认为该校使用人脸识别进行考勤，违反了 GDPR 中关于隐私保护的规定，且在开始人脸识别项目时，学校未向 DPA 进行备案，也未做合理评估。

（二）美国对人脸识别的治理政策与实践

在治理政策方面，美国在联邦层面暂时没有统一的法律规制人脸识别，有的州发布了法案限制公共机构使用人脸识别，有的州直接禁止公共机构或学校使用人脸识别。华盛顿州《人脸识别服务法》（Facial Recognition Bill）①和加州《人脸识别法》（Facial Recognition Technology）②分别提出了具体的监管措施，提出了多个治理工具。在实践方面，美国在司法诉讼和行政执法都取得了一些进展，并且对违规主体的惩罚力度较大。

1. 目前各个州采取不同的治理政策

在 2019 年，美国国会曾两次审议《商用人脸识别隐私法》（Commercial Facial Recognition Privacy Act of 2019）③。该法案禁止实体收集、处理、存储或控制人脸识别数据，除非满足所述条件：其一，提供文件解释人脸识别的功能和局限；其二，告知用户对所收集的人脸数据进行合理地和可预见的使用后，获得用户的明示同意。该法案禁止人脸识别数据的控制者实施所述行为：① 对终端用户歧视；② 用于终端用户无法合理预见的目的；③ 未获得终端用户同意而与第三方分享数据；④ 以终端用户提供同意作为使用产品的条件。这部法案针对的是商业主体，目的是保护消费者，所以执法机构为美国联邦贸易委员会（英文缩写"FTC"）。后来，在 2020 年 2 月，两位民主党议员向参议院提出了《符合伦理的使用人脸识别法案》（Ethical Use of Facial Recognition Act）④，要求在国会发布人脸识别使用指南前，非经授权政府机构不得使用人脸识别。

目前，美国在联邦层面暂时没有统一的法律规制人脸识别，多个州发布了适用于本州的法案，如华盛顿州的《人脸识别服务法》和加州的《人脸识别法》。有一些州或城市的政策非常严厉，包括旧金山市、马萨诸塞州的萨默维尔、奥克兰、加州伯克利等直接禁止政府机构使用人脸识别。2020 年 12 月，纽约州通过一项法案规定在 2022 年 7 月 1 日前，任何学校不得购买或使用包

① Facial Recognition Bill［EB/OL］.（2020–03–06）［2021–04–05］. https：//app.leg.wa.gov/billsummary?BillNumber=5528&Year=2019.

② Facial Recognition Technology［EB/OL］.（2020–05–12）［2021–04–05］. https：//leginfo.legislature.ca.gov/faces/billTextClient.xhtml?bill_id=201920200AB2261#:~:text=%20Facial%20recognition%20technology.%20Existing%20law%2C%20the%20California，delete%20personal%20information%20about%20the%20consumer%2C%20as%20specified.

③ Commercial Facial Recognition Privacy Act of 2019［EB/OL］.（2019–03–14）［2021–04–05］. https：//www.congress.gov/bill/116th–congress/senate–bill/847/text.

④ Ethical Use of Facial Recognition Act［EB/OL］.（2020–02–12）［2021–04–05］. https：//www.congress.gov/bill/116thcongress/senate–bill/3284/text.

括人脸识别在内的生物识别技术，除非经过相关部门的特别批准。

2.通过人工审查、测试、培训、问责报告机制和赋予个体抗辩权保证人脸识别的合规使用

第一，增加人工审查。如果使用人脸识别做出对个人产生法律效力或具有类似重大影响的决定，应该保证该决定受到人工审查。对个人产生法律效力或具有类似重大影响的决定，是指导致提供或拒绝提供金融和贷款服务、住房、保险、教育入学、刑事司法、就业机会、医疗服务或获得基本生活必需品（如食物和水）或影响个人公民权利的决定。第二，对人脸识别进行独立的测试。为避免种族歧视，公共机构应该要求人脸识别服务商提供接口或技术能力，对人脸识别进行独立测试。第三，对运营人员进行培训。必须对人脸识别的运营人员进行定期培训，包括人脸识别的功能和限制等。第四，应编制问责报告，引入社会公众参与并接受立法机构的监督。开发和使用人脸识别的政府机构应向立法机构提交意向通知（notice of intent），并编制问责报告。问责报告包括：①人脸识别的供应商情况、功能情况、数据处理情况等；②数据管理政策；③保护数据和应对漏洞的安全措施；④说明人脸识别对公民权利和自由的影响，并采取减轻影响的措施；⑤明确反馈流程。问责报告引入了社会公众参与机制，并受到严格的程序限制。公众参与原则表现为：其一，问责报告定稿前，公共机构应组织咨询会议，考虑公众提出的问题；其二，公共机构使用人脸识别前90天应向社会公众发布最终的问责报告。问责报告应每两年更新一次，并提交至立法机构受到监督。第五，赋予个人诸项抗辩权利。根据美国加州《人脸识别法》，个人有权确认控制者是否将个人的图像登记于人脸识别服务中、有权对人脸识别的决定进行纠正或提出挑战、有权删除人脸识别服务中的个人图像或人脸样本、有权撤回使用人脸识别的同意等。

3.司法诉讼与行政执法并行，而且处罚手段严厉

2020年，Facebook因人脸识别引发的集体诉讼赔偿5.5亿美元。起因是Facebook违反了美国伊利诺伊州的《生物信息隐私法案》，即Facebook未经用户许可并告知使用期限的情况下，从该州数百万用户的照片中获取人脸数据。Facebook同意向符合条件的用户支付5.5亿美元和解费用和案件诉讼费。在行政执法上，美国联邦贸易委员会（FTC）严厉处理了Everalbum，因其在默认情况下为所有用户启用人脸识别，且无法手动关闭。媒体还披露该公司利用收集的用户照片训练人脸识别算法，但未在隐私条款中写明，严重侵犯了用户的隐私权。FTC 最终要求该公司删除数据和算法。

（三）从欧盟与美国的治理政策中获得的启示

社会公众对人脸识别的态度深受一国的政治环境、社会文化以及伦理道德准则的影响，因各国的国情大相径庭，我们借鉴欧美政策时，应避免简单移植。

1. 政治、社会和文化影响了欧美的治理态度

首先，在政治方面，西方对政府监控充满恐惧。第二次世界大战期间，人的人格尊严遭受过严重践踏，特别是纳粹对犹太人的迫害，使人们对政府收集个人信息充满了担忧。如果人脸识别被大规模用于公共领域，当权者可以精准识别每个人，实现严密的监控。对此，欧美特别关注限制公共机构使用人脸识别，尽管公共机构将人脸识别用于维护安全，也受到质疑和挑战。如 2021 年 6 月 21 日，欧盟的 EDPB 和 EDPS 联合呼吁禁止在公共场所使用人脸识别，反对出台允许因公共安全使用人脸识别的人工智能法案。

其次，在社会背景方面，西方社会宗教矛盾和种族矛盾激化，少数族裔长期受到歧视，西方对因宗教信仰、族群、性别等差异产生的偏见高度敏感。在美国，长达数百年的奴隶制导致黑人受歧视的问题非常严重。2020 年 5 月，美国警察暴力执法导致黑人乔治·弗洛伊德死亡，引发了社会对种族歧视的强烈抗议，也引起社会公众对人脸识别存在歧视缺陷的警觉。2018 年，美国一项研究显示，被识别人肤色越暗，人脸识别错误发生率就越高。研究员分别用三款人脸识别系统对非洲国家的 1000 多名议员照片进行人脸识别，白人识别率远高于黑人。英国《每日邮报》报道，伦敦一位黑人男子上传头像照片时，因嘴唇厚被人脸识别系统认定为张着嘴，这种简单的识别误差被认为存在种族偏见。因此，欧美都非常担心人脸识别会加剧种族歧视。

最后，在文化上，西方非常看重个人隐私和绝对自由。欧洲人将隐私看成尊严，美国人将隐私当成自由[①]。欧洲大陆保护隐私的核心是对个人尊严权利的

---

① 王利明.论个人信息权的法律保护——以个人信息权与隐私权的界分为中心 [J].现代法学，2013，35（04）：62-72.

保护，他们认为隐私的一个重要敌人是媒体，因为媒体经常使用伤害尊严的方式报道个人信息。在美国，人们趋向于尊崇自由的价值，特别是个人反抗国家非法侵害的自由价值。美国的隐私权是禁止国家非法侵扰的自由价值，特别是在个人住宅内不受外来的包括国家的侵扰。美国人认为隐私权的最大威胁是"住宅的神圣性"会被政府侵犯，他们渴望能在自己的住所内维持一种对住宅的私人的至高无上的统治。或许因为欧美隐私权法律文化的不同，欧洲关注人脸识别可能导致的个人信息泄露，而美国关注公共机构滥用人脸识别侵犯个人的自由。

2. 欧美的治理思路和制度工具值得借鉴

首先，重视构建数据规则严格保护生物特征信息。在欧盟，GDPR 在保护生物信息上具有重要的借鉴意义。GDPR 第四条规定"生物数据"包括"面部图像"，第九条规定包括生物数据在内的特殊类型的个人数据处理规则。GDPR 要求处理生物数据应遵循"原则禁止，特殊例外"的原则。在美国，各个州在不同法律文件中规定了保护个人信息。伊利诺伊州的《生物信息隐私法》要求私人实体收集个人的生物信息前，提供通知且获得同意，并禁止任何拥有生物识别符或生物信息的私人实体出售、租赁、交易或以其他方式从个人或客户的生物识别符或生物信息中获利。加利福尼亚州、伊利诺伊斯州、得克萨斯州和华盛顿州等也发布过隐私法案，要求企业收集生物信息时告知个人，且收集生物信息前获得同意。

其次，通过影响评估（或问责报告）、技术手段和伦理标准增强人脸识别的可问责性。在欧盟，相关机构提出了包括透明度报告、数据保护影响评估、审计等在内的机制设计保障人脸识别的可问责性。在美国，相关法案要求以人工审查、测试、培训、问责报告和赋予个体抗辩权保证人脸识别的合规使用。

最后，依据风险预防原则实现对人脸识别的差异化治理。风险预防原则来源于德国环境法，并在环境治理领域被广泛运用。强风险预防原则要求政府在缺乏科学证据的情况下也要采取预防措施，弱风险预防原则要求政府在采取预防措施前对成本与收益进行分析[1]。欧盟呼吁禁止公共机构在公开场合使用人脸识别和美国个别州通过立法禁止政府机构使用人脸识别都体现了强风险预

---

① 王子灿.由《大气污染防治法（修订草案）》论环境法中风险预防原则的确立［J］.环境与可持续发展，2015（03）：142-145.

防原则。欧盟对人脸识别在商业领域的运用没有明文禁止，商业主体使用人脸识别应严格遵守 GDPR 的规定和《人脸识别指南》的要求。美国国会审议的《商用人脸识别隐私法》原则上允许将人脸识别用于商用，但要遵守严格的条件。可见，欧美对政府机构与商业机构这两类使用主体采取了差异化的治理方案，即在公共场合使用人脸识别秉持强风险预防原则，在商业应用中坚持弱风险预防原则。总之，欧盟和美国都从数据、算法和技术应用三个层次对人脸识别采取全链条的治理措施，形成了公共问责与个体私权保护的双轨模式。

3. 基于中国国情制定治理策略

我们应坚持在中国的价值体系下认识人脸识别的风险类型和程度，提出具有中国特色的解决方案。首先，在我国人们更具有集体观念，公共机构坚持"以人民为中心"，国家经济发展壮大、法治形成的过程更强调社会本位，重视平衡个人权利的保护与社会科技的发展[1]。公共机构严格按照法律法规基于维护公共安全的目的使用人脸识别，可以提高社会治理水平，获得人们的信任和支持。综合考虑我国民众对公共机构的信赖、对自由价值的态度以及民众与警察的关系[2]，我们不应学习西方部分地区采取严格禁止的政策。其次，我国缺失数据保护规则，人脸识别作为重要的生物特征信息无法受到法律保护，个人的各项数据权利未有法律明确规定。我们需要加快数据规则的立法，构建用户同意制度，为公民的权利保护和救济提供法律保障[3]，并对违法的数据处理行为进行重拳整治。最后，我们需要采取制度性工具规范算法的开发、设计和应用，包括算法的测试机制、审计机制、问责机制等。同时，应在技术的应用层面建立起分级分类和分场景的监管机制，明确监管机构，避免监管"真空"。

第四节　我国人脸识别的本土化治理路径

回顾人脸识别在我国的发展历程，我国总体上秉持发展与规范并重的原

---

① 李庆峰. 人脸识别技术的法律规制：价值、主体与抓手［J］. 人民论坛，2020（11）：108-109.

② 邢会强. 人脸识别的法律规制［J］. 比较法研究，2020（05）：51-63.

③ 商希雪. 生物特征识别信息商业应用的中国立场与制度进路　鉴于欧美法律模式的比较评价［J］. 江西社会科学，2020（02）：192-203，256.

则，坚持了"管、促、创"的政策理念。在人脸识别的发展初期，我国出台了一系列助力技术创新和促进产业发展的政策。2017 年 7 月，国务院发布的《新一代人工智能发展规划》指出，研发视频图像信息分析识别技术、生物特征识别技术的智能安防与警用产品。2019 年 9 月，中国人民银行印发《金融科技（FinTech）发展规划（2019—2021 年）》提出充分利用可信计算、安全多方计算、密码算法、生物识别等信息技术。《安全防范视频监控人脸识别系统技术要求》《信息安全技术网络人脸识别认证系统安全技术要求》等标准也为人脸识别在金融、安防、医疗等领域的运用提供了指引，扫清了政策障碍。人脸识别获得快速发展后，治理问题逐渐显现，发展与监管的矛盾激化，亟须探索和健全人脸识别的治理政策。

（一）中国人脸识别治理存在的主要问题

1. 对生物特征信息的保护和人脸识别的规范缺乏细致的法律规则

虽然《中华人民共和国民法典》《中华人民共和国网络安全法》和《中华人民共和国电子商务法》都对个人信息的保护有原则性条款，但是缺乏细致的法律规则，导致人脸这一生物特征信息保护不足。如在浙江省杭州市野生动物世界"刷脸案"中，法院依据合同法进行了判决。宁波市市场监管局依据《消费者权益保护法》对违规使用人脸识别的房地产企业进行调查和处罚。虽然我国发布了一些标准，包括《信息安全技术 个人信息安全规范》《信息技术 生物特征识别应用程序接口》《公共安全 人脸识别应用 图像技术要求》以及《App 收集使用个人信息最小必要评估规范人脸信息》等，这些标准对收集人脸信息的告知和存储要求进行了规定，但是这些标准不具有强制的法律约束力，对行业的规范作用不足。

一些部门在具体应用场景中对人脸识别进行了规定，如中国人民银行 2016 年发布《关于落实个人银行账户分类管理制度的通知》规定"有条件的银行，可以通过视频或者人脸识别等安全有效的技术手段作为辅助核实个人身份信息的方式。"中国支付清算协会 2020 年发布《人脸识别线下支付行业自律公约》，要求各个会员单位"建立人脸信息全生命周期安全管理机制"，分别对数据采集环节、存储环节、使用环节提出具体要求，还要求"应根据用户意愿，为其提供开通或关闭刷脸支付服务。"但是这些规定仅适用于金融行业，仅规范了部分应用场景，还有很多场景缺乏规则。

2. 各地立法或治理政策不一致，缺乏框架性和体系化的治理机制

在天津市，新施行的《天津市社会信用条例》禁止企事业单位、行业协会、商会等采集人脸、指纹、声音等生物识别信息。南京市住房保障和房产局则要求楼盘售楼处未经同意，不得拍摄来访人员的面部信息。此外，《杭州市物业管理条例（修订草案）》规定物业不得强制业主通过指纹、人脸识别等生物信息方式使用共用设施设备。徐州市住房和城乡建设局要求售楼处不得使用"人脸识别"系统。2021年3月，深圳市就《深圳经济特区公共安全视频图像信息系统管理条例（草案）》征求意见，禁止和限制监控摄像头的安装范围，并要求设置明显提示标识。因为缺乏统一的上位法，各地出台各自的政策，各地规范零散和混乱，不利于人脸识别的全国应用。正因我国缺乏框架性治理方案和制度性治理工具，加剧了技术运用发展与社会公众利益保护之间的矛盾。

3. 缺少统一权威的监管主体，造成行业监管不及时和不充分

国家网信办主要负责互联网信息内容的管理，有权对线上App涉及个人信息收集或人脸识别运用的情况进行监管。如2020年12月，国家网信办发布《常见类型移动互联网应用程序（App）必要个人信息范围（征求意见稿）》。该文件规定了地图导航、网络约车、即时通信等38类常见类型App必要个人信息范围。国家公安机关是公共安全视频图像信息系统的主管部门，有权就视频图像设备进行监督管理，根据《公共安全人脸识别应用图像技术要求》，公安部是主管部门。市场监管机构负责监管企业的经营行为和保护消费者权益，有权对开发和运用人脸识别的企业进行监管，2021年"3·15"晚会曝光门店滥用人脸识别的线索后，各地市场监管机构对违规安装摄像头的商家进行突击检查。对此，2021年"两会"期间，有观点建议由公安部门承担人脸识别应用的审批与监管职能，也有观点建议工业和信息化部、市场监管总局联合出台规定，要求所有提供人脸识别功能的应用备案后方可销售，手机应用由地方工信部门备案，设施设备由地方市场监督管理部门备案。也有观点提出由工业和信息化部牵头，联合国家网信办、公安部、国家市场监管总局共同建立人脸识别记录数据库。为尽快实现审批或备案制度，必须明确统一的主管机构并建立多部门的协调机制。

（二）提升人脸识别治理能力的政策建议

我国人脸识别的技术水平处于世界领先地位，主要得益于国内包容审慎的政策环境和多元的应用场景。如今人们对人脸识别带来的滥用风险、安全风险和隐私风险充满担忧，亟须治理框架。智能社会的治理是一项复杂的系统工程，需要国家、行业、组织和公民个人等共同参与[①]。对人脸识别的治理应该采取协同治理的方式，实现多方主体共同参与。应注重规则塑造，实现分场景监管，坚持以"场景驱动"识别治理目标和内容，构建差异化治理的案例池和数据库[②]。具体的监管措施可以从数据、算法和技术运用三个环节展开，实现全过程治理。

1. 规范数据收集与流转，净化数据产业链

数据是算法的"原料"，要对整个数据产业进行整治，打击"数据黑产"，建立行业标准，推行数据资质，建立健全的数据流通机制，保障人工智能企业获得健康的数据"喂养"。

首先，规范人脸信息的收集、传输、存储和使用。为开发和运营人脸识别制定人脸信息处理规范：收集人脸信息前，人脸识别开发者或运营者须履行告知义务，以通俗、易懂且明确的语言书面告知用户处理人脸信息的方式、用途和存储周期等，并获得用户的明示同意。收集人脸信息后，人脸识别开发者或运营者须采取技术措施安全保存人脸信息，不得对外公开或交易。为了保障用户拥有选择权，应该提供替代方案，不管哪个主体运营人脸识别，人们均有权拒绝"刷脸"[③]。考虑到人脸识别设备可以隐蔽的收集人脸信息，应该在摄像头安装处张贴告示，让用户知悉自己正在被抓拍，并给予用户选择退出和要求删除自己相关信息的权利，严格保障用户的各项数据权利。对于非必要存储照片信息的运用场景，如测温或客流统计，应该自动删除抓取的照片。

---

① 张文显. 构建智能社会的法律秩序［J］. 东方法学，2020（05）：4–19.

② 梁正，余振，宋琦. 人工智能应用背景下的平台治理：核心议题、转型挑战与体系构建［J］. 经济社会体制比较，2020（03）：67–75.

③ 邢会强. 人脸识别的法律规制［J］. 比较法研究，2020（05）：51–63.

其次，要求人脸识别运营者具备数据安保能力。人脸识别开发者或运营者的数据存储能力应成为风险评估的重点，原则上禁止开发者或运营者存储原始的人脸信息，即使存储了人脸信息也应该与其他个人信息相隔离，同时采取匿名化的技术手段去除个人标识性。开发者或运营者在日常管理上应该建立健全的数据管理机制和完善的系统权限管理制度，避免用户滥用管理权限，造成数据泄露或滥用人脸识别。网络安全攻击时有发生，个人信息泄露事件频发，保障人脸信息处理者的数据安保能力非常紧迫，可以对人脸识别开发者或运营者进行备案并形成追责机制，应将他们的资质情况和数据安保情况向社会公示，让社会公众参与监督。

最后，加强执法严厉打击违法的数据处理行为。《中华人民共和国网络安全法》将个人生物识别信息纳入个人信息范围。《中华人民共和国民法典》明文规定，收集、处理自然人个人信息的，应当遵循合法、正当、必要原则，征得该自然人或其监护人的同意，且被采用者同意后有权撤回。《中华人民共和国个人信息保护法》对图像采集、个人身份识别进行了明确规定。2020年新版《信息安全技术个人信息安全规范》也对个人生物识别信息的收集、存储和披露等环节进行了明确规定。"徒法不足以自行"，这些法规需要得以严格执行才能产生威慑力，监管机构应该开展强有力的执法行动。

2. 为算法建立资质标准，保障算法的安全性和准确性

算法是人脸识别的核心，直接影响人脸识别的准确性、安全性和运行效率。应加强对算法的审计评估，保障行业采用优质算法。

首先，为算法设立行业准入标准和资质要求。个别企业的违规经营会影响整个行业的发展，为防止不良企业破坏行业健康生态，应对算法进行市场准入规范，如要求对算法进行备案或要求主体获得数据管理资质。算法备案管理制度已经在金融行业进行了尝试，如《关于规范金融机构资产管理业务的指导意见》规定"金融机构应当向金融监督管理部门报备人工智能模型的主要参数以及资产配置的主要逻辑"。制定行业准入标准避免那些无规则意识的企业扰乱市场秩序，如在小区部署人脸识别的场景中，技术提供方A的产品具有严格的加密与分级管理技术，可以防止第三方导出数据，而技术提供方B的产品没有此类安全保障机制，但价格低廉。如果没有安全能力方面的行业标准或

资质要求，客户可能选择价格便宜、安全能力低及导出信息方便的产品，这样安全性能好的产品无法在自由竞争的市场下立足，因而需要制定行业准入标准和行业规范避免劣币驱逐良币。

其次，通过技术创新保障算法的安全性和准确性。设计算法时可能受到人的影响，存在一些人为的歧视因素。算法容易受到训练数据的影响，训练数据的质量和类型影响算法的识别效果。算法开发者应该保证有高质量的训练数据，通过保障数据的全面性和充分性，避免区域差异、种族差异和性别差异。还应规范算法设计者的行为，避免人为设计的歧视。应加强算法和数据方面的技术创新，如研究安全多方计算、同态加密、差分隐私等方法，在技术上保护隐私和数据安全[①]。

最后，明确算法监管机构与监管职责，建立算法评审机制。脆弱性、缺乏可解释性、较弱的对抗性是人工智能面临的三大技术瓶颈，也是人工智能带来风险的主要原因。应高度重视对算法的监管，明确监管机构和职责，并对滥用人脸识别的行为开展专项执法行动。应建立算法评审机制，开发者推出算法前，应通过伦理评审，评审依据包括社会公德、伦理道德、数据安全隐私等，评审重点包括算法识别的准确度、公平性、安全性等。可以通过行业组织和第三方评估机构，搭建算法的检测评估平台，制订算法、隐私安全检测方法和指标，开发检测工具，实现定期回访和信息反馈，通过动态评估实现检测的时效性和客观性。

3. 划定运用场景界限，防止技术滥用

技术本身是中立的，但是容易被滥用。应建立人脸识别影响评估机制，明确人脸识别的应用场景的界限。

首先，建立人脸识别影响评估机制，实现差异化治理。国内有学者提出为算法构建影响评估机制，对自动化决策系统的应用流程、数据使用和系统设计等评判，明确系统的影响水平和风险等级[②]。环境影响评价是算法影响评估的制度渊源，环境影响评价机制在环保领域是一种较为成熟和成功的治理

---

① 杨庚，王周生. 联邦学习中的隐私保护研究进展［J］. 南京邮电大学（自然科学版），2020, 40（05）：204-214.

② 张欣. 算法影响评估制度的构建机理与中国方案［J］. 法商研究，2021, 38（02）：102-115.

实践①。结合欧盟的数据保护影响评估制度和美国的问责报告制度，人脸识别影响评估机制是实现风险预防的一种重要举措。总结目前人脸识别的运用场景，将运营者分为公共机构和商业机构，因两者在目的、管理能力和技术水平上存在差异，应遵守不同的行为准则，对两者评估的标准和内容也有所差别（表5.2）。

表 5.2 人脸识别影响评估的主要内容

部署主体	评估框架		
	评估标准	评估内容	定期审计
公共机构	·合法性：法定职责范围内，保证内容合法和程序合法。 ·正当性：目的正当。 ·必要性：收集数据的类型和规模坚持最小够用标准，应用范围和方式与目的相称	·对公民的哪些权利有影响和影响程度； ·自动化程序是否有人工审查； ·算法的准确性和安全性； ·数据收集、存储的正当性； ·网络安全保障能力	·错误率情况； ·安全保障、人工审查的落实情况； ·数据泄露或侵犯隐私的事故情况； ·用户投诉反馈情况
商业机构	·合法性：用户知情、同意。 ·正当性：追求合法利益。 ·必要性：收集数据的类型和规模坚持最小够用标准，应用范围和方式与目的相称	·运营主体的资质； ·对公民的哪些权利有影响和影响程度； ·自动化程序是否有人工审查； ·算法的准确性和安全性； ·数据收集、存储的正当性； ·网络安全保障能力； ·用户是否拥有选择权和退出权	·运营主体变动情况； ·错误率情况； ·安全保障、人工审查的落实情况； ·数据泄露或侵犯隐私的事故情况； ·用户投诉反馈情况

数据来源：作者整理。

其次，引入公众参与，广泛听取用户的意见。涉及公众的人脸识别运用应该广泛听取民意，让公众参与到人脸识别的影响评估中，并对技术提供者的方案和设备进行评价，对运营者的日常运营进行监督。在环境评价机制中，公众参与是重要内容，环境影响评价公众参与是指相关单位在判定影响、编制文件以及审批与实施过程中，公众以听证、质询和发布意见的方式约束环境影响

① 李安.算法影响评价：算法规制的制度创新［J］.情报杂志，2021，40（03）：146-152，161.

评价文件的批准，并监督其实施[①]。人脸识别影响评估机制应该引入公众参与，如影响评估过程应邀请相关公众参与讨论发表意见，评估结果应对相关公众公开，评估结束后应建立反馈渠道，持续听取公众的意见。

最后，综合采用惩罚性和激励性治理措施，避免出现"伦理洗白"。人工智能是一个复杂的领域，监管者缺乏必要的资源或信息，治理人工智能需要企业的自我治理。人工智能企业应主动开展法律和伦理的合规审查，出售技术时调查对方的使用目的，并对合作伙伴进行合规告知，要求对方合法部署和使用人脸识别，不得滥用技术。在内部，企业应聚焦管理制度建设，塑造以人为本的管理法则[②]，包括制定伦理标准、搭建伦理审查委员会，做好内部的伦理合规审查。人工智能企业应主动公开算法情况报告，让公众了解技术的利弊，减少信息不对称，提升大众对新技术的信任。国内企业有一些实践，如发布《人工智能应用准则》规范自身技术、产品落地边界，并在产品说明中附加《正确使用人工智能产品的倡议书》，倡导客户尊重终端使用者的权益。但是企业自我治理面临失效的问题，有的学者提出"伦理洗白"（ethics washing），指有的企业将伦理制度作为一种展示，实际上成为"逃避"强监管的工具[③]（Wagner，2018）。元规制（meta-regulation）指推动和监督自我规制，监管机构可以通过消极或积极的方式刺激企业采取自我规制措施[④]。在惩罚方面，将企业遵守伦理标准的情况作为其融资贷款或上市的重要审核内容。在激励方面，建立评级制度，对自我治理表现好的企业打分和排名，让合规评级成为企业之间竞争的重要指标。

① 肖强，王海龙.环境影响评价公众参与的现行法制度设计评析［J］.法学杂志，2015（12）：60-70.

② 颜佳华，王张华.构建协同治理体系推动人脸识别技术良性应用［J］.中国行政管理，2020（09）：155-157.

③ Wagner B. Ethics as an Escape from Regulation：From Ethics-Washing to Ethics-Shopping［M］.// Hildebrandt M，editor，Being Profiling. Cogitas ergo sum. Amsterdam：Amsterdam University Press. 2018：86-90.

④ ［英］罗伯特·鲍德温等编.牛津规制手册［M］.宋华琳，等译.上海：上海三联书店，2017：63-183.

人工智能治理实践：以自动驾驶为例 ①

  自动驾驶（AV：Autonomous Vehicle）作为新一代人工智能技术的典型运用，源于21世纪初。随着基于机器学习和深度学习技术的新一代计算机人工智能技术和5G通信技术的崛起，自动驾驶也迎来了新的发展高潮。同时，作为新一代汽车产业的核心技术，自动驾驶已然是国民经济支柱和制造业的翘楚之一；加之，工业革命历史中的蒸汽机车和内燃机车的决定性作用②，让各国政府和企业也对自动驾驶这一新型交通运输工具产生了诸多畅想③。然而，自动驾驶是一个相对复杂而基础的技术生态体系，技术链条几乎触及国民经济的各个技术领域；其技术革新对国民经济的推动作用往往会随着产业发展而逐步放大④。故此，世界各国纷纷制定各种产业政策，促进自动驾驶的快速发展。然而，在自动驾驶研发、创新、测试和试运行等一系列活动进行得如火如荼、重要性被逐级放大的同时，"单车智能"模式的发展困境也逐步突显。那么，秉承"安全与发展"的价值理念，如何应对发展困境，促进我国自动驾驶的快速发展，完成对欧美的技术赶超，是当前自动驾驶领域无法回避的核心议题。

  遗憾的是，面对自动驾驶及其飞速发展，不同社会主体的认知范式迥异。在不同的认识范式驱使下的公众、企业或政府等社会主体，对自动驾驶以及与

---

① 本章节以笔者已发表论文《自动驾驶"单车智能"模式的发展困境与应对》为基础，更加详细的人工智能的典型应用场景——自动驾驶，以获得人工智能治理模式的有益探讨。详细参见：张辉，梁正.自动驾驶"单车智能"模式的发展困境与应对［J］.齐鲁学刊，2021（06）：81-89.

② 贾根良.第三次工业革命与工业智能化［J］.中国社会科学，2016（06）：87-106+206.

③ 李连成.交通现代化的内涵和特征［J］.综合运输，2016，38（09）：43-49.

④ ［美］布莱恩·阿瑟.技术的本质［M］.曹东溟，王健，译.杭州：浙江人民出版社，2018：37.

之紧密的发展议题也难有共识。而现有研究关于自动驾驶的发展模式的探讨，往往因为技术的飞速发展而局限于某一特定领域。随着技术创新与扩散的加速，亟须对自动驾驶进行全景式勾勒和分析，并做出合理的理论推演和预测。这对于自动驾驶的安全与发展尤为重要，对于制定出台各类法律法规同样意义重大。

因此，本章在详细梳理自动驾驶技术体系的基础上，从企业商业模式构建过程入手，深入分析企业围绕自动驾驶建构其商业模式的内在决策逻辑。在此基础上，探讨自动驾驶"单车智能"模式发展困境的生成逻辑，并尝试性地给出解决方案。在"安全与发展"价值理念的驱动下，探究"车路协同"模式的可取之处，分析其治理之道。

第一节　自动驾驶"单车智能"模式的发展困境

自动驾驶"单车智能"模式是指仅围绕着自动驾驶车辆开展的技术创新和商业模式建构。然而，自动驾驶的社会运用包括多个技术环节或制度环节，如人员安全、汽车制造、道路改造、数据权属与传输、动力能量分配、技术标准等，这些都面临诸多挑战。同时，自动驾驶的发展涉及交通现代化、核心技术追赶、社会伦理治理等多个领域，面临着发展困境。

第一，交通现代化是国家治理现代化的重要组成部分，而智慧交通网络构建是现阶段交通现代化的重要抓手。自动驾驶作为未来主流的交通运输和出行工具，诸多潜力已初见端倪。但是，自动驾驶对现代公路的要求也高于传统汽车对公路的要求。从马车到汽车，从手动驾驶到自动驾驶，从有人驾驶到无人驾驶，道路自始至终是交通运输系统的"管道"[1]。纵观交通运输历史，道路建设需要顺应交通工具的发展，是交通现代化的内在要求之一。那么，面对下一代主流交通运输工具，如何构建智慧道路系统，或者改造现有交通运输系统，也已成为自动驾驶发展必须面对的重要议题。而自动驾驶"单车智能"模式仅仅强调对自动驾驶车辆的技术创新，缺乏对交通系统的整体考虑和协同创新机制。

第二，随着自动驾驶技术潜力的日渐突显，我国自动驾驶产业因核心技术缺失而产生的技术风险也越发突显。建基于新一代人工智能技术之上的自动驾驶技术，本身就是一个技术集成度非常高的系统[①]。因为人工智能、智能芯片、智能传感等底层技术的落后，中国企业呈现出一种技术追赶的态势。美国作为最早发展自动驾驶技术的国家，企业在各个方面都处于领先状态，核心技术、技术创新路径与经验都已经经历了多年的沉淀积累，驾驶数据的数据库建设更是占据了绝对优势。我国自动驾驶企业在技术上实际上在多个技术子领域已经陷入"卡脖子"的困境[②]。这就意味着，自动驾驶"单车智能"模式在技术创新层面已经进入"深水区"，在面对技术封锁和专利"围堵"时，除了加大技术研发投入，也需要考虑技术发展模式。

第三，随着自动驾驶技术创新的推进，无人化程度和自动化技术参与程度越来越高。按照美国汽车工程师协会（SEA）的分类标准（L0 ~ L5级），自动驾驶技术实际上经历了三个阶段：第一阶段是 L0 ~ L2级，可称之为"真人驾驶员掌控汽车"阶段。第二阶段对应于 L3 ~ L4级，可称之为"真人驾驶员与自动化程序共同控制汽车"阶段。在此阶段，真人驾驶员从占据主导地位转换为监控地位。第三阶段对应于 L5级，可称之为"自动化程序独立掌控汽车"阶段。当处于第二阶段和第三阶段时，如何衡量自动化程序的事故权责[③][④]，如何划分驾驶数据的权属，如何处理引致的伦理问题[⑤]，这些因自动化技术引致的权责难以界定的难题，成为自动驾驶发展必须面对的法律难题和伦理难题。

那么，在自动驾驶"单车智能"模式下，面对交通现代化、核心技术追赶、社会伦理治理三个发展难题，自动驾驶企业和产业联盟能否提供有效的解决方案？对此，需要分析自动驾驶技术体系和企业商业模式。

---

① ［美］布莱恩·阿瑟.技术的本质［M］.曹东溟，王健，译.杭州：浙江人民出版社，2018：37.

② 张辉，陈海龙，刘鹏.智能时代信息通用技术创新微观动力机制分析——基于沃尔玛信息技术演化的纵向案例研究［J］.科研管理，2021，42（06）：32-40.

③ 郑志峰.自动驾驶汽车的交通事故侵权责任［J］.法学，2018（04）：16-29.

④ 冯珏.自动驾驶汽车致损的民事侵权责任［J］.中国法学，2018（06）：109-132.

⑤ 邱泽奇.自动驾驶中的社会行动主体分析［J］.人民论坛·学术前沿，2021（04）：31-39.

第二节 自动驾驶的技术体系与企业商业模式

面对自动驾驶"单车智能"模式的发展困境，以安全和发展作为基本治理理念，自动驾驶需要一个完整性的解决方案。梳理自动驾驶的技术体系，分析自动驾驶企业商业模式，是破解此困境的基础。同时，核心技术体系是技术企业建构其商业模式的基础。故本节首先简要回顾自动驾驶的技术子系统和技术模块，在此基础上再梳理自动驾驶相关企业的商业模式。

1. 自动驾驶的技术体系

内嵌于交通运输体系的自动驾驶，本身就存在一个庞大的技术体系。自动驾驶包括多个技术子系统，而每个技术子系统又涵盖众多的技术模块。就目前而言，自动驾驶的核心技术子系统包括感知系统、定位系统、认知计算系统、控制系统、车载系统等。本节首先分别介绍这些技术子系统及其技术难点，然后分析基于其上的企业商业模式。

感知系统就是自动驾驶的"感官系统"，在不同的技术路线中，包括的技术模块存在一定的差异。单车智能技术路线下的感知系统主要是指车载传感器构成的传感器系统，包括超声波雷达（UWR：Ultrasonic Wave Radar）、激光雷达（LiDAR：Light Detection And Ranging）、毫米波雷达（MWR：Millimeter-Wave Radar）、车载摄像头（VC：Video Camera）、红外探头等。综合考虑到成本和收益等因素，目前主流的自动驾驶传感器系统以激光雷达和车载摄像头为主，并呈现出多传感器融合发展的趋势。基于测量能力和环境适应性，预计激光雷达和车载摄像头会持续占据传感器平台霸主的地位，并不断与多种传感器融合，发展出多种组合版本。在完备的自动驾驶系统中，各个传感器之间借助各自所长相互融合、功能互补、互为备份、互为辅助。与之相对，在车路协同技术路线下，除车载感知系统之外，感知系统还包括路端感知系统和云协同算法系统。

定位系统是指通过全球定位系统（GPS）、差分GPS或惯性测量单元技术（IMU）对整车进行精准定位，主要解决自动驾驶汽车的宏观定位与实时通信。相对于感知系统主要关注路况、障碍物检测和目标追踪等汽车自身感知问题，定位系统主要解决的是汽车与汽车、汽车与计算平台、汽车与智能交通系统等之间的实时的数据通信或计算通信等事务。与定位系统紧密相关的就是自动驾驶的地图系统。

认知计算系统是自动驾驶数据处理的核心子系统，主要负责其他模块所需的实时计算与分析、任务调度等，包括计算芯片、嵌入式操作系统、（多模态）机器学习、深度学习、预测模型及其算法、云计算平台等软硬件技术模块。当然，针对不同技术子系统，所需要的学习算法和预测模型并不相同。根据技术子系统所需的计算任务，认知计算系统可以分为在线系统（实时系统）和离线系统（预处理系统）。

规划系统是负责制定自动驾驶汽车从出发地到目的地的实施方案规划的技术子系统，主要包括路径规划（RP：Routing Planning）、行动规划（BP：Behavioral Planning）和动作规划（AP：Action Planning）三个技术模块。路径规划主要负责从出发地到目的地之间的路径设计与最优路径选择等，也称之为任务计划（Mission Planning）；行动规划负责根据路径规划和当前自动驾驶汽车状态感知，提供下一步自动驾驶汽车需要执行的预处理策略和行动方案，也称之为决策制定（DM：Decision Making），如跟车、超车、停车、规避行人、绕行等；动作规划负责根据行动方案制定自动驾驶汽车所需操作的执行动作序列，行动规划模块的核心是行动规划算法的设计工作，需要在动作序列完整性（Completeness）的约束下，满足一定的计算效率（CE：Computation Efficiency）。

控制系统是将规划系统生成的动作序列转化为自动驾驶汽车真实行动的技术子系统，通过向自动驾驶汽车硬件系统提供必需的输入数据，以执行规划的动作序列，并产生期望的执行动作。换言之，控制系统根据自动驾驶汽车的硬件力矩、车载能量等来映射现实世界中的车辆运行交互行动，是连接数据计算和自动分析与真实汽车行驶的纽带。控制系统主要包括反馈控制和模型预测控制（MPC：Model Predictive Controller）。其中，比例积分微分控制（PID：Proportional Integral Derivative Controlling）是最为常见的反馈控制模式。值得注意的是，各种控制模式使用的情景需要根据具体情况而定。在通用性自动驾驶中，尤其是高速运行场景，存在非常大的数据延迟，故而 PID 控制模式局限性较大，而模型预测控制的性能相对较好。对于自动驾驶而言，汽车中的过程控制的采样周期一般是毫秒级，并且，由于计算资源的限制，对于认知计算系统的计算与分析速度以及车载系统的数据传输速度要求极高。

车载系统是自动驾驶汽车与人类驾驶员进行交互的界面系统，主要由嵌入式系统、信息可视化界面、输入操作界面（遥控器、键盘、触摸板等）和数据天线组成。严格来讲，除了 L5 级（SEA 分级标准）自动驾驶，其他级别的自动驾驶中都存在人类驾驶员，车载系统的重要性在于必须保证一定的交互友好性和简捷性。同时，现行的自动驾驶的计算与分析系统处理对数据量要求极高，而且，实时数据处理意味着要求数据传输速度必须与数据处理的数据吞吐量相匹配。故而现行主流的车载导航系统多采用分布式、低耦合的通信机制。换言之，车载导航系统对于自动驾驶系统性能的整体性提升至关重要，其性能瓶颈极其容易衍生为系统瓶颈。而且，车载导航系统需要提供多种机器驾驶员的开发工具，保证自动驾驶汽车可以快速实现数据可视化、机器人仿真、编程接口等功能。

面对如此庞杂的技术系统，很少有企业能够全盘掌控系统的全面性，而不得不求助于产业链、商业生态系统等[1]。一方面，立足于自身独特的核心技术和核心竞争力，不同企业构建了各自的商业模式，使得自身被锁定于商业模式的建构逻辑之中而不能自拔。另一方面，伴随着自动驾驶技术的创新与扩散，技术不确定性导致了社会风险、安全事故等问题。因此，需要梳理并分析现有自动驾驶企业的商业模式。

2. 自动驾驶的企业商业模式

商业模式是企业在为特定客户创造价值的同时获得持续竞争优势的系统架构，是企业在其价值创造、交易内容、交易结构、治理架构等基础上，获取可持续竞争优势的系统工具[2]。这就意味着，围绕着自动驾驶技术，不同企业选择不同的商业模式成为必然。关注自动驾驶技术并投入资源和研发的企业主

① Liu N, Shapira P, Yue X. Tracking developments in artificial intelligence research: constructing and applying a new search strategy [J]. Scientometrics, 2021, 126 (4): 3153–3192.

② Zott C, Amit R. Business model innovation: How to create value in a digital world [J]. NIM Marketing Intelligence Review, 2017, 9 (1): 18–23.

要包括两类：第一类为整车企业；第二类为非整车企业，以信息科技企业为典型代表。前者立足于既有的汽车制造技术，或者在新能源汽车制造的基础上，将人工智能技术引入其中，开发出自动驾驶的新车型。后者则是立足于其自身超强的数据处理能力和分析能力，将自动驾驶汽车（尤其是新能源汽车）作为数据终端或移动计算端，整合到其数据处理与分析平台。两类企业所掌控的自动驾驶的技术子系统及其技术模块存在巨大的差异，因而，企业围绕自动驾驶在建构其价值主张、盈利模式和系统架构时存在着诸多不同。

在国家大力提倡并促进自动驾驶技术创新与发展的宏观背景下，与其说各类汽车企业的商业模式具备不同的优势，毋宁说是商业模式因内外部因素而存在天然的短板和瓶颈。虽然企业可以围绕自动驾驶来构建自身的生态系统和价值网络，但是，作为一项新型技术，自动驾驶存在的诸多不确定性成为后续技术创新的内生不确定性因素。与此同时，在区域政策不一致、可用资源有限、市场定位模糊、企业合规治理等外部约束的背景下[1]，无论是传统企业，还是新兴企业，其技术认知都存在相对不足。

从价值主张的角度来看，自动驾驶的价值主张与绿色发展、人类命运共同体和谐发展等宏大的社会发展理念保持了内在一致性。自动驾驶企业都以该技术提供绿色出行工具，在提升顾客出行服务与体验的同时，降低环境污染、促进交通安全、优化交通资源配置、丰富边缘计算网络和物联网（IoT）网络等。

从盈利模式的角度来看，整车企业和非整车企业围绕自动驾驶构建的盈利模式存在差异。整车企业更多地依赖于构建智能出行产品线，遵循传统的差异化竞争理念，通过进一步提升产品或服务多样性，或者通过自动驾驶技术来优化现有产品结构，达到调整或重构其盈利模式的目的，保障企业的可持续发展。非整车企业，以信息科技企业为代表，围绕自动驾驶所构建的盈利模式则是基于平台模式指导下的双边市场或者多边市场盈利模式，自动驾驶作为移动计算平台，可以接入到企业现有的云计算平台，或者通过智慧边缘计算架构建构新型算力平台。

---

① 刘宪权，林雨佳．人工智能时代技术风险的刑法应对［J］．华东政法大学学报，2018，21（05）：46-54.

从企业系统架构的角度来看，各类企业的盈利模式往往需要与系统架构相匹配。除新生的新能源整车企业围绕自动驾驶技术体系构建其组织结构之外，其余企业大多数仍然依托于现有组织结构，沿着技术创新范式将自动驾驶的业务线和管理结构嵌入并整合其中。

综合价值主张、盈利模式和系统架构的分析可以看出，自动驾驶技术创新与企业商业模式创新确实能够增进企业的发展潜力。问题在于，绿色发展的投入产出比要比企业正常的投入产出比或者内部收益率低得多。与此同时，产品技术范式的转换势必会冲击组织惯性，对企业现有的系统架构也造成了巨大的威胁。诚然，新兴企业可能无此忧虑，但是其产品线相对单一、研发能力薄弱等因素实则蕴含着更大的威胁，那就是，基于新一代人工智能技术的自动驾驶，其整体性的技术进步速度要快于个体企业的技术进步速度。虽然企业的商业模式及其创新不限于技术创新，但是，技术核心竞争力相对落后的弊端会随着时间的推移而进一步放大。尽管企业往往通过巨额的研发补贴（企业部门间或者外部融资等）来支持自动驾驶的技术创新，可自动驾驶带来的模块扩展收益和数据流收益是否真实存在，能否融入企业商业模式，实则都是企业发展的潜在威胁。

第三节 "单车智能"模式局限性的生成逻辑

各类企业因资源能力、组织活动和盈利模式的不同，而对自动驾驶的创新认知和管理认知存在巨大的差异。加之技术创新趋势、技术应用情境的时间与空间差异、市场进入机会和进入门槛、自身价值网络等外部因素的多样性，共同决定了自动驾驶汽车企业的商业模式千姿百态。

企业商业模式的建构过程就是创业企业的决策逻辑选择的过程[①]，主要包括两类逻辑：效果推理逻辑和因果逻辑。前者从已有技术手段等现有资源出发探索可能的目标；后者以目标为导向，制定计划以实现既定目标[②]。诚然，自

[①] Sarasvathy S D. Causation and effectuation: Toward a theoretical shift from economic inevitability to entrepreneurial contingency [J]. Academy of management Review, 2001, 26 (2): 243-263.

[②] 张敬伟，杜鑫，田志凯，等.效果逻辑和因果逻辑在商业模式构建过程中如何发挥作用——基于互联网创业企业的多案例研究 [J].南开管理评论，2021，24（04）：27-40.

动驾驶商业模式的建构过程是一个动态过程，企业可能在后续发展中需要改变建构商业模式的决策逻辑。但是，改变决策逻辑需要付出巨大的代价，且初始决策逻辑对最终商业模式的定性起着决定性作用[①]。

整车企业和非整车企业的决策逻辑起点并不一致。对于整车企业而言，企业创业决策逻辑的起点在于本身就已经具有成型的汽车制造产品线。那么，在企业高层的认知体系中，汽车的整体概念已然存在。作为新型技术形态的自动驾驶，确切地讲，新一代人工智能技术，对于汽车制造的认知体系而言，更多地被视为一种可嵌入的技术模块。从传统的多样化战略来看，引入自动驾驶技术可以增加产品类型和产品梯次，进而扩展产品范围。从创新生态系统的角度来看，引入自动驾驶技术意味着企业触及更多环境资源的可能性增加，其生态位势更加强大。然而，在面对自动驾驶的"滚滚洪流"时，该类企业对自动驾驶的态度，更大的比例可以归为一种市场性应对倾向，顺应技术发展趋势的发展。这也就导致传统整车企业在自动驾驶上的资源投入占其营收比重往往较低，且偏向于长期性观望型投资[②]。因此，可以认为，整车企业围绕着自动驾驶的创业决策逻辑更大比例的是因果逻辑。

而对于非整车企业而言，情况恰恰相反。非整车企业以信息科技企业为典型代表，也不乏新一代人工智能企业。此二类企业在商业模式的构建过程中，对自动驾驶的功能认知和产品定位大多归属于"数据节点"或者"数据收集"的范畴，而对于"整车"反而缺乏设计概念和认知。进而，即使最终完成整车的产品设计和服务提供，将之与工业互联网、传统互联网等加以融合，形成网络的整体概念，但产品或服务认知仍然会局限于"整车"概念范畴，商业模式的难题仍然存在。因此，可以认为，非整车企业围绕着自动驾驶的创业决策逻辑更大比例的是效果推理逻辑。

当我们审视上述两类企业建构其商业模式的决策逻辑时，发现二者存在一个共同特征——将自动驾驶车辆剥离出交通系统，差异仅仅在于剥离方式不

① 王玲玲，赵文红，魏泽龙.因果逻辑和效果逻辑对新企业新颖型商业模式设计的影响：环境不确定性的调节作用［J］.管理评论，2019，31（01）：90-100.
② 中国信息通讯研究院.车联网白皮书［EB/OL］.（2021-12-24）［2022-06-30］http：//www.caict.ac.cn/kxyj/qwfb/bps/202112/t20211224_394522.htm.

同而已。当聚焦于企业决策逻辑起点，可以发现，效果推理逻辑是以"单车"为起点，无非是对车辆的"修修补补"；因果逻辑则是以"单车"为终点，无非是造车方法千差万别。归根到底，当前自动驾驶企业商业模式的系统架构都是将自动驾驶车辆从"交通系统"中"剥离"出来。当自动驾驶车辆与外部环境之间存在的关联关系被人为阻断，便导致了自动驾驶"单车智能"模式的发展困境。

诚然，企业利用专业化分工能够建立核心竞争力，但是，市场范围和外部性效应同样反作用于企业自身，协同效应对于自动驾驶技术及其企业的促进作用不言而喻。然而，"单车智能"模式对应的企业商业模式构建，在产品定位与设计阶段就已经将该协同效应排除在外了。单车智能系统内部的协同效应也许仍然存在，但是，在自动驾驶"单车智能"模式中，技术实现的单一性与应用场景的多样性之间存在巨大的"鸿沟"，毕竟交通出行的应用场景呈现出一种"长尾效应"特征[①]。

综上所述，现有企业在其商业模式建构之初就人为阻断了自动驾驶车辆与外部环境之间的关联关系，间接压缩了技术创新空间和产业发展空间，进而形成了"单车智能"模式的发展困境。有鉴于此，我们必须回归到发展困境背后的决定性因素，考虑将自动驾驶车辆纳入整个交通运输系统之中，进行全盘考虑，充分发挥交通系统的协同作用。

第四节　自动驾驶"车路协同"模式及其治理之道

如前所述，自动驾驶"单车智能"模式面临着交通现代化、核心技术追赶、社会伦理治理三个领域的发展难题，而且，该模式下的各种自动驾驶企业的商业模式或多或少存在瑕疵。因此，跳出"单车智能"模式的认知局限，寻求新发展模式，是突破发展困境的必由之路。

1. 高精地图的特殊意义与启示

从严格意义上讲，地图系统并非"单车智能"所强调的技术模块。然而，

---

① 陈黎明：自动驾驶汽车量产前面临的 3 大挑战［J］. 商用汽车，2020（09）：23–25.

地图系统恰恰是综合获取利用空间信息的关键所在，对于行使车辆而言至关重要。自动驾驶的地图系统是指构建高精度电子地图系统（简称"高精地图"）。与传统电子地图不同，高精地图的主要服务对象是自动驾驶车辆，或者说是机器驾驶员。和人类驾驶员相比，机器驾驶员缺乏与生俱来的图形图像视觉识别和逻辑分析能力。因为人的意向性的特殊性，人类感知系统和综合分析能力要远远强于机器驾驶员。比如，人可以很轻松、准确地利用图像与 GPS 定位自己，鉴别障碍物、人、交通信号灯等。但是，对当前的机器感知来说，上述行为却是非常困难的任务。因此，高精地图应该作为自动驾驶技术体系中必不可少的一个技术子系统来对待。

高精地图包含大量行车辅助信息，其中，最重要的是对路网系统和活动环境中的空间精确的三维表征（目前的高精地图已经能够实现"厘米"级精度）。比如，路面的几何结构、道路标示线的位置、周边道路环境的点云模型等。有了这些高精度的三维表征，车载机器人就可以通过比对车载 GPS、IMU、LiDAR 或摄像头数据来精确确认自己的当前位置。此外，高精地图还包含丰富的语义信息，比如，交通信号灯的位置及类型，道路标示线的类型，识别哪些路面可以行驶等。这些能极大地提高车载机器人鉴别周围环境的能力。不仅如此，高精度地图还能帮助自动驾驶车辆识别其他车辆、行人及未知障碍物。这是因为高精地图利用过滤性算法已经将传统地图中过滤掉的车辆、行人等活动性障碍物纳入构建的三维空间体系之中。如果自动驾驶车辆在行驶过程中发现了当前高精地图数据库中未出现过的物体，就会大概率地将之视为车辆、行人或其他障碍物，此时就可以规避该物体，并向自动驾驶车辆内的人员发出警报，让驾驶者查看车辆外部环境。从而，高精地图可以提高自动驾驶汽车发现并鉴别障碍物的速度和精度。

相比服务于 GPS 导航系统的传统地图而言，高精地图最显著的特点是表征路面特征的精准性。传统地图只需要做到"米"级精度即可实现 GPS 导航，但高精地图需要达到"厘米"级精度才能保证汽车行驶安全。二者可以形成有效的定位功能互补。同时，高精地图比传统地图具有更高的实时性。由于路网时常变化，如整修、道路标示线磨损及重漆、交通标示改变等，从而需要及时反映在高精地图上以确保汽车行驶安全。高精地图有很高的难度，但随着越来越多载有多种传感器的汽车行驶在路网中，一旦有一辆或几辆汽车发现了路网的变化，通过"车—云"通信或者"车—车"通信等网络形式，就可以把路网更新信息告诉其他汽车，使其他汽车能够构建高精地图，进而使得自动驾驶行为更加灵活、安全。

由此可见，高精地图技术的真正作用在于跨越了自动驾驶"单车智能"模式的限制，将与自动驾驶车辆高度相关的元素，如道路、云端系统、其他车辆、行人等信息融合为一个完整的数据系统，从技术体系内部搭建了自动驾驶车辆与外部环境之间联通的桥梁。而自动驾驶"车路协同"模式的核心就在于将自动驾驶车辆和与之相关的众多外部因素，尤其是道路、其他车辆等，融合为一个综合性系统，实现信息共享和智能决策的统一调度与协调。

2. 自动驾驶"车路协同"模式的治理之道

自动驾驶"车路协同"（Vehicle-Infrastructure 或者 Vehicle-Load）模式是指，在自动驾驶车辆的基础上，通过高精地图和动态网络技术将道路基础设施、行人、其他车辆等交通参与要素有机地联系在一起，助力自动驾驶车辆在环境感知、计算决策和控制执行等方面能力升级的自动化交通模式。美国和欧洲主导的自动驾驶发展模式是典型的"单车智能"模式，而中国作为自动驾驶的"后起之秀"，在"单车智能"模式的基础上，提出了"车路协同"模式。"车路协同"模式作为"单车智能"的模式的高级发展形式，经历了一个循序渐进由低到高的发展过程，可以分为三个阶段：第一阶段，信息交互协同，实现自动驾驶车辆与道路的信息交互与共享；第二阶段，协同感知，在第一阶段的基础上，发挥路侧的感知定位优势，与自动驾驶车辆进行协同感知定位；第三阶段，在前两个阶段的基础上，自动驾驶车辆与道路可实现协同决策与控制功能，能够保证自动驾驶车辆在所有道路环境下都能实现高等级的自动驾驶模式。

相较于"单车智能"的认知范式，自动驾驶"车路协同"模式的完整性实则将交通运输产业与能源产业融入自动驾驶的技术创新、产业发展和治理之中，顺应了自动驾驶的公共性属性的要求。作为交通现代化的内在要求和"新基建"工作的核心之一，智慧道路建设工程作为道路基础设施的智能升级的同时，恰恰也能与自动驾驶进行有效的技术融合，实施"车路协同"的发展模式。作为智慧道路建设的重要配套基础设施，动力网络——新能源汽车充电设施网络同样是新基建的重要组成部分。

高精地图高度融合了智慧路网，从这个角度出发，无论是整车企业还是非整车企业，现有企业商业模式的核心难题，即汽车产品与公路网络的"隔离"就会迎刃而解。将二者融入交通运输业之后，无论是配备智能终端的传统汽车，还是新兴的自动驾驶汽车，都应被视为智慧交通运输网络中的"智能移动终端"。一方面，被人工智能重新定义后的汽车，可以有效解决关于智能出行的认知偏狭，为解决技术体系缺陷提供解决方案，从而在技术逻辑上能够形成"终端—链接—计算和分析—服务—终端"的完整闭环。另一方面，这种智慧升级并不是交通运输业或能源产业的单方面升级，具体应用场景中的技术子模块更新反向也能促进人工智能产业的整体创新水平。众所周知，算力相对缺乏是人工智能技术的发展瓶颈之一，当自动驾驶车辆作为移动终端算力时，通过边缘计算框架[①]和联邦学习框架[②]，能够在保证数据安全的基础上，有效解决车联网与车路协同的算力供应。

具体来讲，自动驾驶"车路协同"模式对"单车智能"模式的超越，主要体现在三个方面。

第一，交通现代化可以把握新一代人工智能高速发展的契机，积极推进智慧道路建设和新能源网络建设。随着"车路协同"的持续推进，逐渐演化为"车—路—电"协同的良性发展循环，随着新型基础设施建设和公共投资的增加，势必会促进以V2X（Vehicle to Everything）为代表的网联技术、信息交互技术等路网链接的中间件技术发展，从而增进就业并带动新一代人工智能技术和信息通信技术的发展和知识积累。随着技术网络的普及和升级，交通现代化进程势必会提速。

第二，核心技术落后的问题将得到有效解决。面对"单车智能"核心技术落后的问题，随着"车路协同"和智能出行技术的场景扩散，我国可以获取

① 王晓飞.智慧边缘计算：万物互联到万物赋能的桥梁［J］.人民论坛·学术前沿，2020（09）：6-17+77.

② Aledhari M，Razzak R，Parizi R M，et al. Federated learning：A survey on enabling technologies，protocols，and applications［J］.IEEE Access，2020，8：140699-140725.

充足的、多样化的场景数据和交通数据，这样就能够有效地进一步优化智能算法的拟合度。同时，多样化的场景数据能够增进机器学习算法的公平性。最终，形成人工智能技术创新的良性循环。换言之，随着"车路协同"的推进，其结果之一是促进了"单车智能"中的核心技术创新。

第三，针对完全自动驾驶中治理主体权责难以界定或主体缺失的问题，在全面实施"车路协同"和智能交通网络的前提下，私人出行工具的需求必然下降，其市场占有率会急剧萎缩。这就意味着，社会公众的私人出行工具全面被智能化的公共出行工具所替代。而作为公共交通出行，其治理主体转变为整个交通系统，原有的治理主体权责难以界定或主体缺失的问题得以缓解，或者说，至少治理主体缺位问题可以被大概率转化为技术系统的优化问题了。与此同时，原有的交通出行安全问题被缓解了。路端智能测绘和仿真及其网络化，能够提供更加高精的地图，并实时通报自动驾驶车辆其所属区域的交通出行信息，再配合原有的单车智能技术，使得自动驾驶车辆可提前计算并更新其行程规划和动作规划。智慧交通系统技术耦合性和技术冗余性，如车车联网（V2V）、车人联网（V2P）、车路联网（V2I）和车云联网（V2C）等技术网络，增加了自动驾驶技术体系的整体鲁棒性，提升了其安全等级，应对技术场景复杂性和不确定性能力得以加强。同时，自动驾驶车辆的增加意味着移动存储终端的增加，也就是说，分布式数据库的规模在不断增大，在分布式算法配合下，整体性的数据安全等级也得以加强。由此，智能化交通普及的直接结果是城市内部私家出行工具成为非必需品，与之直接相关的"停车难""空间占用"等问题也得以解决。

第五节　自动驾驶的治理启示与未来展望

针对目前自动驾驶"单车智能"模式的发展困境，在梳理技术体系的基础上，对自动驾驶企业的商业模式构建过程加以分析，发现现有企业商业模式构建中的决策逻辑，无论是效果推理逻辑还是因果逻辑，对自动驾驶车辆与外部环境关联性的阻断，都最终导致了"单车智能"模式的发展困境。进一步研究发现，高精地图有助于将自动驾驶车辆与外部环境集成于一体，催生出自动驾驶的"车路协同"模式。由此，勾勒出自动驾驶技术的整体发展图景，并分析了"车路协同"模式对"单车智能"模式的超越之处，以有效应对"单车智能"模式的发展困境。

　　然而，除了分析与自动驾驶直接相关的产业领域，未来还需关注至少两个问题。其一，当前，自动驾驶"车路协同"模式的现实应用中存在一些技术难点，如路侧协同感知定位能力有待进一步提高，尤其是需要从功能安全和预期功能安全的角度全面提高设备和系统的精确性、稳定性、数据可靠性等；道路智能化设备的覆盖范围有限，还不足以提供有效的车路协同应用服务；目前需要更加高效、经济的车路通信技术方案，解决更大连接、低时延、高可靠的数据传输问题。其二，并未深究如自动驾驶技术扩散过程中的能源消费问题，即智能出行时代的"杰文斯悖论"——自动驾驶技术扩散可能会诱致社会公众的出行消费和其他间接消费，反而导致更多的能量消耗，进而增加了全球环境保护的压力。

第七章

人工智能治理实践："大数据杀熟"的政策应对 ①

2020 年 10 月 1 日起施行的《在线旅游经营服务管理暂行规定》（以下简称为《暂行规定》）明确要求在线旅游经营者不得滥用大数据分析等技术手段侵犯旅游者合法权益。该暂行规定被给予厚望以实现对"大数据杀熟"的"反杀"，但实际效果需要时间检验。实际上，"大数据杀熟"是一个复杂的问题，仅靠单一的部门规章无法有效解决该难题。因此，应追根溯源剖析"大数据杀熟"的行为属性，厘清"杀熟"行为中正当价格歧视与价格违法行为的边界，探究"大数据杀熟"的监管困境，从监管机构、平台、用户三方的角度提出治理"大数据杀熟"的规制措施与政策建议。

第一节 "大数据杀熟"的行为定性与实现条件

越来越多的企业使用算法定价，因为可以降低成本和增加收入。亚马逊较早尝试过价格算法，以实现动态定价。"大数据杀熟"是由算法定价引起的一种现象，可能是一种正当的价格歧视行为。拥有数据、算法和算力的平台具有实现经济学上所称的一级价格歧视的可能。

---

① 本章节在笔者已发表论文《"大数据杀熟"的政策应对：行为定性、监管困境与治理出路》的基础上进行了内容的修改与扩充。具体请参见：梁正，曾雄．"大数据杀熟"的政策应对：行为定性、监管困境与治理出路［J］．科技与法律（中英文），2021（02）：8–14.

（一）"大数据杀熟"的本质是价格歧视

据媒体报道，"大数据杀熟"通常表现为几个现象：① 在线旅游 App 上，用户多次浏览订房页面后房价上涨，或用户订机票取消后机票价格上涨；② 在购票 App 上，"会员价"高于非会员价；③ 同样的商品，不同手机有不同价格。这些行为的共性是不同用户不同定价，而且"熟人"价格更高。学者们对"大数据杀熟"的行为定性有不同看法，有观点认为是算法或算法偏见导致了杀熟[①]，有观点认为"大数据杀熟"是通过算法对用户画像后，对不同用户进行不同的定价，由此引发价格歧视现象[②]，也有观点认为"大数据杀熟"涉嫌价格欺诈，侵害消费者的知情同意权[③]。本文认为仅通过这些特征不宜直接认定"大数据杀熟"违法，尽管"杀熟"二字带有强烈的否定色彩。"大数据杀熟"呈现出的最终效果是不同用户不同价，为实现这一效果平台可能采取违规的措施，因而可能涉嫌价格欺诈或其他违法行为。比如有的平台为让用户迅速下单避免比价而宣称货源紧张，或者进行虚假标价吸引用户下单然后结算时提高价格，这些行为侵犯了消费者的知情权，误导消费者消费，构成价格欺诈，对于此类行为应该严厉打击。但同时"大数据杀熟"中部分行为可能属于经济学中正当的"价格歧视"，不应被直接禁止，而且实践中导致不同用户面对不同价格的因素众多，不宜直接推定平台进行差异化定价是违法和侵犯用户权益。

（二）大数据和算法让平台具备实现一级价格歧视的技术条件

在经济学中，价格歧视（Price Discrimination）是指同一卖者的同一产品对不同消费者或对同一消费者不同购买数量或不同购买顺序，实行不同的价格[④]。一般分为三类：第一类，一级价格歧视，是指垄断厂商根据每个消费者

① 姜野．算法的规训与规训的算法：人工智能时代算法的法律规制［J］．河北法学，2018，36（12）：142–153．

② 邹开亮，彭榕杰．大数据"杀熟"的法律定性及其规制——基于"算法"规制与消费者权益保护的二维视角［J］．金融经济，2020（07）：51–57．

③ 刘佳．大数据"杀熟"的定性及其法律规制［J］湖南农业大学学报（社会科学版），2020，21(01)：56–61+68．

④ 王玉霞．价格歧视理论中的若干问题［J］．财经问题研究，2000（11）：18–21．

的保留价格，为每单位商品制定不同的销售价格，厂商可以获得全部消费者剩余；第二类，二级价格歧视，是指根据不同购买量确定不同价格，如给予客户价格折扣；第三类，三级价格歧视，是指对不同市场的不同消费者实行不同的价格，如给予学生或老人折扣。一级价格歧视在现实中比较少见，有观点认为基于大数据和算法，平台可以根据每个消费者的习惯、偏好、购买历史等进行用户画像，实现"一人一价"。"大数据杀熟"接近于一级价格歧视①。在技术条件方面，首先，平台积累了海量用户数据，包括性别、年龄、职业、地理位置、浏览历史等，平台可以准确描绘用户的个体特征，并通过深度学习分析每个用户的消费习惯、消费能力和价格敏感度，并预测用户购买喜好和针对性影响用户的购买决策。其次，平台拥有强大的算力和专业技术人才，具备处理和分析海量数据的能力。最后，平台可以利用机器学习算法，更精准地刻画用户画像，特别是借助积累的用户数据不断训练算法，提升算法的效能。甚至有观点认为算法逐渐成为"准公权力"，平台拥有算法权力②。

（三）双边市场属性让平台具有实施价格歧视的市场条件

在市场条件方面，首先，平台属于典型的双边市场，即平台向两个相互区别且相互联系的客户群提供服务。双边平台的基本功能是通过匹配交易对象降低交易成本，让双边客户从交易中获益③。其次，双边平台具有直接和间接网络效应，平台一边客户的价值随着另一边客户数量的增加而增加，因而平台有动力扩大一边客户规模，通常的方式是低价优惠甚至补贴，即解决"先有鸡还是先有蛋"的问题④。用户数量（俗称"流量"）是平台壮大的关键，平台在用户这一边将价格设定在边际成本之下，而在另一边将价格设定在边际成本之上，呈现出非对称的价格结构。这种经济规律解释了平台为何对新用户设定更低价格或给予更多优惠，因为通过价格优惠或补贴才能扩大用户数量，发挥直

---

① 张国栋.大数据"杀熟"的是是非非［J］.法人，2018（06）：58-61.

② 郑智航，徐昭曦.大数据时代算法歧视的法律规制与司法审查——以美国法律实践为例［J］.比较法研究，2019（04）：111-122.

③ 吴汉洪，孟剑.双边市场理论与应用述评［J］.中国人民大学学报，2014，28（02）：149-156.

④ Evans D S. The antitrust economics of multi-sided platform markets［J］. Yale Journal on Regulation，2003，20：325-381.

接和间接网络效应的作用，实现规模经济和范围经济。这与传统的线下经济有明显差异，线下企业通常给予"老客户"优惠，以吸引老客户再次购买，呈现出"亲熟"的特征。平台"喜新"则受其商业模式的影响，因为在这种模式之下，平台才能发展壮大。最后，平台市场具有高集中度的市场结构特征，用户只能在有限的几家平台上选择和比较，甚至因用户逐渐养成了使用习惯导致用户对特定平台产生较强的依赖。

第二节　"大数据杀熟"的监管必要性辨析

经济学意义上的价格歧视的福利效果具有不确定性，应尊重受市场调节的价格歧视行为，发挥市场定价的核心机制。同时，平台通过不正当行为实现价格歧视涉嫌违规，具有监管的必要性。

（一）价格歧视本身并无贬义，其福利结果具有不确定性

在经济学上，价格歧视本身并无贬义，而且在日常生活中随处可见。如在保险行业，保险产品是为每个人单独定价的，因为每个人的风险特征都不相同[1]。价格歧视的福利结果具有不确定性，可能提高社会福利。根据国外研究报告，个性化定价（Personalized Pricing）或差异化定价（Differential Pricing）接近"大数据杀熟"这一概念。2015 年美国发布《大数据与差异化定价》（Big Data and Differential Pricing），提出差异化定价对于购买者和销售者都可能是有利的，应谨慎限制线上定价行为，因为线上市场竞争更加激烈。2016 年经济合作与发展组织（OECD）发布《价格歧视》（Price Discrimination），指出价格歧视通常对经济发展有利，也能让消费者受益，因为它能增加交易，促进企业竞争。2018 年英国发布《定价算法》（Pricing Algorithms），提出在很多情况下个性化定价是有益的，因为新进入者可以通过定向折扣（如针对新用户）参与市场竞争，从而扩大销量。但在特定情形下，差异化定价可能使消费者利益受损，特别是当市场缺乏竞争或者价格政策复杂或者不透明时。2018 年 OECD

---

① 喻玲.算法消费者价格歧视反垄断法属性的误读及辨明［J］.法学，2020（09）：83-99.

发布《数字时代的个性化定价》(Personalized Pricing in the Digital Era),认为个性化定价是指根据消费者的个人特征和行为实施价格歧视,个性化定价可以促进竞争,通常增加消费者福利①。

(二)应尊重受市场调节的价格歧视,市场经济的核心机制是自由定价

价格机制是市场经济的核心,本质上价格应由供求关系决定。"价格歧视"是将用户群体分类的过程。那些需求迫切、弹性较低的用户愿意支付更高的价格,他们的需求得到了满足,福利得到了提升。同时,需求不迫切、弹性较高的用户会转向其他替代品,或者选择暂时不消费。这个过程对于社会整体福利是有利的,能够实现资源优化配置。对于一般商品而言,如果价格不是因市场需求而变动,而是受到政府管制或社会舆论影响,可能损害企业生产积极性,导致商品短缺。旅游产品、机票、出行服务等都是私人而非公共产品,应该由市场调节价格。航空公司、酒店等长期以来采用动态定价机制②,因为航空公司销售的是易逝产品,通过动态调节价格让飞机尽可能坐满,一般提前销售机票并使用复杂的算法随时动态调节价格。由于所提供客房的季节相关性、位置特定性,酒店的情况与此类似。社会大众担忧的"大数据杀熟"集中在机票、旅游产品上,部分原因在于线下这些产品提供者采用动态调价的方式,价格处于随时变动之中。在机票、酒店预订等交易撮合类平台上,导致不同用户价格差异的原因是多样的,价格差异的直接原因可能来自商品或服务的提供者。

但是,并不是所有类型的商品都适合完全由市场定价,具有自然垄断或公共物品性质的产品应该受到价格管制,比如采用成本加成定价,避免使用价高者得的拍卖机制,以避免供给不足,如基本医疗服务。对于一般商品而言,价格歧视容易让那些支付了更高价格的,而需求不那么迫切的消费者感觉不公平,而统一定价则会使那些有迫切需求的消费者因无法及时获得服务而感觉不

---

① 曾雄."大数据杀熟"的竞争法规制——以个性化定价的概念展开[J].互联网天地,2019(9):26-28.

② 李豪,熊中楷.竞争环境下航空公司动态定价特性[J].工业工程,2009,12(03):43-47.

公平。要实现其中的平衡,关键是要求平台或商家公开价格政策,让消费者知悉,完全由消费者自主选择。平台不得利用消费者的信任心理或信息不对称的优势,侵犯消费者的知情权和公平交易权,如故意隐藏优惠选项或捏造供应不足的假象。

(三) 在特定条件下"大数据杀熟"涉嫌违法需要规制

2018 年,OECD 发布的《数字时代的个性化定价》(Personalized Pricing in the Digital Era)报告认为,在特定情形下个性化定价也可能有害,需要多种政策工具应对,包括竞争政策、消费者保护规则以及数据保护规则等。在我国现行法律体系下,"大数据杀熟"可能构成如下违法行为。

首先,可能构成《价格法》中的价格欺诈。如果平台利用虚假或引人误解的信息,诱骗消费者交易,属于价格欺诈行为,正如媒体报道每当消费者取消预订后价格上涨,营造一种"断货"假象,使得消费者没有时间进行比价。其次,可能违反《消费者权益保护法》所规定"明码标价"的要求。如果平台没有做到价格政策公开透明,以引人误解的宣传诱导消费者下单,导致消费者错过选择机会,可能违反《消费者权益保护法》。再次,可能构成《反垄断法》中的滥用市场支配地位行为。认定价格歧视违反《反垄断法》需要经过严格的认定程序,而且前提是平台在相关市场拥有市场支配地位。据相关经济学分析结果显示,当仅有一个垄断企业时,价格歧视将攫取所有的消费者剩余[①]。由于价格歧视可能提高社会福利,平台可以主张合理理由进行抗辩。根据《禁止滥用市场支配地位暂行规定》,平台可以将"针对新用户的首次交易在合理期限内开展的优惠活动"作为合理理由进行抗辩,如平台为了新增流量,选择只给新用户补贴,这种策略在合理期限和合理限度内不违法。2020 年 11 月 10 日,国家市场监管总局发布的《平台经济领域的反垄断指南(征求意见稿)》(以下简称为《反垄断指南》)对"大数据杀熟"行为也进行了规定,并将其列为滥用市场支配地位行为中的"差别待遇"。该《反垄断指南》分别列举了四类差别待遇的具体表现形式:第一,基于大数据和算法,实行差异性交易价格或其

---

① Townley C, Morrison E, Yeung K. Big data and personalized price discrimination in EU competition law[J]. Yearbook of European Law, 2017, 36: 683–748.

他交易条件；第二，基于大数据和算法，对新老交易相对人实行差异性交易价格或其他交易条件；第三，实行差异性标准、规则、算法；第四，实行差异性付款条件和交易方式。即表明拥有市场支配地位的平台基于大数据和算法所实施的所有价格歧视都可能涉嫌违法，而不仅仅是"杀熟"行为（对新老用户进行差异性定价）。不过，《反垄断指南》也列举了平台可以主张的正当理由予以抗辩，如果是"针对新用户的首次交易在合理期限内开展的优惠活动"或"基于平台公平、合理、无歧视的规则实施的随机性交易"可以不被认为违法，这在一定程度上尊重了平台实施优惠活动的自决权，也是尊重平台商业模式的体现。最后，可能构成《反垄断法》中的共谋。互联网领域的市场高度集中，信息高度透明，而定价算法具有特殊性和敏感性，这些特征加剧了平台共谋的风险[1]。平台可以通过算法监控价格，实施共同的价格策略，如英国和美国调查了在亚马逊上使用定价软件实现价格共谋的多个零售商[2]。因此，对"大数据杀熟"的法律定性应该具体问题具体分析，其中的核心要点是价格政策是否透明，是否存在欺骗和误导信息，用户是否有机会自由选择。

第三节 "大数据杀熟"的监管困境之源

"大数据杀熟"的监管困境主要源于算法定价的隐蔽性和不确定性，且用户通常处于信息不对称的劣势地位。此外，价格违法行为的取证、举证难和价格歧视法律认定的模糊性，导致有效监管面临挑战。

（一）个人信息保护不到位

各个平台已经收集了海量用户信息，可以对用户进行精准画像，以评估和预测用户的消费行为，从而向用户提供全方位的个性化营销服务，但这些营销服务不一定都对用户有利，有一些服务会隐蔽地侵害用户的合法权益。虽

---

① 施春风．定价算法在网络交易中的反垄断法律规制［J］．河北法学，2018，36（11）：111-119.

② Department of Justice Office of Public Affairs. Former E-Commerce Executive Charged with Price Fixing in the Antitrust Division's First Online Marketplace Prosecution［EB/OL］.（2020-12-20）［2022-12-30］. https://www.justice.gov/opa/pr/former-ecommerce-executive-charged-price-fixing-antitrust-divisions-first-online-marketplace, Last visit on Dec 20, 2020.

然我国不断加强对个人信息的保护力度，但是泄露、滥用个人数据的情况时有发生，从事"数据黑产"的活动仍然猖獗。在平台已经掌握了大量数据的情况下，只能从数据使用环节要求平台合法使用，或者更多地依靠平台自觉合规，无法避免有些平台滥用数据从事不正当价格歧视行为。

（二）算法定价具有隐蔽性

借助深度学习技术，平台利用算法定价以降低人工定价的成本。算法具有"黑箱"的特征，有一些由算法定价的结果缺乏可解释性。但由于平台规则或算法规则呈现出程序刚性的特点，接受者只能遵守算法规则参与"游戏"。平台经营者或算法设计者以单方面制定或修改规则的方式影响接受者的判断和行为，平台对用户具有较强的支配力、控制力和影响力，平台实际上拥有算法权力[①]。比如有的平台主张外卖配送费是动态调整的，受到时间、地点、订单量等综合因素的影响，这种动态调整模式本身的合理性没有经过第三方论证，广大消费者、商家只能被动接受。数据是算法运作的重要前提，直接影响算法的效果，但是用户个体对个人数据掌控能力弱。用户无法充分知晓平台收集、使用了哪些数据，也无法控制平台对数据的使用用途。虽然目前各个平台都有隐私条款，但是隐私政策过于复杂，而且以格式条款的方式呈现，用户实际上缺乏选择权，个人数据保护的真实效果不佳。在平台面前，用户容易成为算法权力的"剥削"对象，而平台通过算法则收获更大利益。美国布兰戴斯大学经济学系助理教授 Benjamin Shiller 基于 Netflix 的研究发现，使用传统人口统计资料的个性化定价方法，使其增加 0.3% 的利润。根据用户网络浏览历史，使用机器学习技术估算用户愿意支付的最高价格，可以使其利润增加 14.55%。

（三）用户的信息不对称劣势加剧

平台"杀熟"的重要前提是"信息非对称"[②]，平台具有较强的信息获取和分析能力，有的平台对外宣称"可以对全国几亿用户的使用界面实现秒级更

---

① 周辉.算法权力及其规制［J］.法制与社会发展，2019，25（06）：113–126.

② 王鑫，李秀芳.大数据杀熟的生成逻辑与治理路径——兼论"新熟人社会"的人际失信［J］.燕山大学学报（哲学社会科学版），2020，21（02）：57–63.

新"。而用户常常处于信息盲区，一方面无法比对成本，只能单向接受平台页面所呈现的商品信息；另一方面由于平台数量有限，各个平台的价格具有趋同性，导致用户可选择的空间小。原来有一些第三方跨平台比价软件，可以方便用户比价和选择，但是受到平台的打击后，这些比价软件都被排除出市场，而用户只能通过人工搜索信息和对比价格，增加了选择和转换的成本。

（四）价格违规行为的取证和举证困难

平台以算法定价涉及商品的品类繁多，为反映市场需求实时变动价格，价格证据具有易逝性，固定证据具有一定难度。以刘某诉某外卖平台案为例，刘某通过某外卖平台下单配送费为 4.10 元，当日另一位新注册用户购买同样套餐且收货地址一致，配送费却为 3.10 元。刘某认为该外卖平台存在"杀熟"的欺诈行为，要求平台赔偿 500 元。法院根据平台提供的后台日志，认为配送费是动态调整的，刘某与另一位用户的下单时间不同，因而不支持刘某的诉请[1]。可见，原告要主张平台存在违规行为面临较大的举证难度，平台通常主张价格是动态调整的，特别是涉及服务的定价，标准并不一致，难以通过简单的价格比较来认定"杀熟"[2]。

（五）法律定性具有模糊性

价格歧视的经济效果变动不居，需要结合市场结构情况进行深度的个案分析。据相关研究成果显示，实施价格歧视所依据的标准直接影响其竞争效果，比如基于品牌选择或转换成本的价格歧视会增加竞争，而基于搜索成本的价格歧视可能弱化竞争[3]。此外，基于搜索历史的价格歧视可能阻碍用户搜索行为并降低竞争[4]。在经济学分析框架下，价格歧视的实际效果需要个案判定，

---

① 湖南省长沙市中级人民法院（2019）湘 01 民终 9501 号民事判决书［EB/OL］.（2019-12-27）［2021-12-30］https://aiqicha.baidu.com/wenshu?wenshuId=beba8c9086e9ea1c5010df5edef1678923fe9d69.

② 吴立兰.平台经济下大数据"杀熟"的法律规制［J］.上海法学研究，2020（11）：241-242.

③ 喻玲.算法消费者价格歧视反垄断法属性的误读及辨明［J］.法学，2020（09）：83-99.

④ Townley C, Morrison E, Yeung K. Big data and personalized price discrimination in EU competition law［J］. Yearbook of European Law, 2017, 36: 683-748.

在认定上具有较大的模糊性。正因平台违规行为难以发现且认定困难，造成用户维权难，无法实现对平台的有效监管。

第四节　"大数据杀熟"需要创新治理思路

面对"大数据杀熟"的监管困境，有媒体感慨道"抱歉，'大数据杀熟'无药可救"。传统的监管思路重视惩戒和威慑，试图通过"证据确凿"遏制平台"为恶"，这种单向和线性的监管路径容易导致监管机构与平台处于对立面，不仅监管效果不佳，而且会不恰当地干预市场正常运行。因此，需要摒弃传统的监管思路。治理是统治方式的一种新发展，本质在于不依靠政府的权威或许可，政府可以动用新的工具和技术来掌舵和指引[①]。在新经济监管议题中，越来越多的人认识到引入治理理念的重要性。正因为大数据、算法、定价等都具有高度复杂性，紧靠政府单向的监管面临严重的能力欠缺，因而需要重建一种互动的平衡机制，引导被监管的对象参与到治理中来。因此，本文提出治理"大数据杀熟"需要监管机构、平台、用户三方共治，在互动中寻求监管与发展的平衡。

（一）规范平台和平台内商家的定价行为

监管机构应该严格执行《中华人民共和国价格法》《中华人民共和国消费者权益保护法》等法律规定，要求平台制定公开透明的价格政策，不得以虚假或误导的信息诱导消费者，让消费者能自由比价和选择，将选择权还给消费者。考虑到"大数据杀熟"近似于一个"黑箱"问题，消费者难以举证维权。监管机构应该加大对违规平台的惩处力度，提高执法威慑力，并利用好企业信用信息公示制度，将实施"大数据杀熟"的平台纳入失信黑名单，利用信息公示与社会监督来约束平台定价行为，提高平台自治、自律意识。此外，在特定商业模式下，平台只充当交易中介的角色，平台内商家直接设定、更改商品或服务价格，因而平台应该积极承担平台责任，充分利用平台规则约束平台内商

---

① 格里·斯托克.作为理论的治理：五个论点［C］// 俞可平.治理与善治.北京：社会科学文献出版社，2000：32.

家的违规行为，建立完善的用户投诉、赔偿机制，并利用技术手段加大对平台内商家定价行为的监督管理。

（二）保障市场充分竞争

公平竞争是市场经济的灵魂，要发展市场经济就应该重视价格机制。为了避免市场失灵，监管机构有必要在特定情形下干预市场，防止价格欺诈、价格共谋、不合理涨价等行为。通过保障市场竞争，让消费者有机会"用脚投票"。如果市场上仅有几家大平台，形成寡头垄断的市场格局，消费者的选择权就无法得到保障，价格机制也无法正常发挥作用。因此，应该鼓励探索新的商业模式，对新经济、新业态采取审慎监管态度，鼓励创新性企业成长，实现市场力量的竞争平衡。只有企业之间的竞争充分了，消费者才能享有真正的选择权，才能避免被"杀"。同时，应重视对现有平台经营行为的监督，因而需要提高执法水平，特别是深化对大数据、人工智能、平台商业模式等新技术领域的认知与理解，擅长利用新技术手段实现智慧监管，培育适应智能产业发展的执法能力，只有这样才能及时应对新问题，实现科学治理。

（三）加强个人信息保护避免数据滥用

2021年11月实施的《中华人民共和国个人信息保护法》为个人信息保护提供强有力的法律支撑，在立法中有必要明确消费者享有的各项数据权利。同时，为平台收集、存储和使用个人数据设定基本原则和明确法律责任，包括基于消费者自愿收集和使用个人数据、坚持数据量最小化原则、明确数据控制者和处理者的过错责任等。通过严格规范平台收集和使用个人数据，从源头上降低平台滥用数据的可能性。

（四）制定标准规范避免算法"作恶"

由于深度学习模型本身具有不可解释性的特征，定价算法可能产生"黑箱"问题，比如算法歧视，具体涉及种族歧视、性别歧视或地域歧视等。由算法执行价格歧视的定价机制，可能混杂不公平的歧视因素，造成无法解释的价格差异结果，无法真实体现市场经济规律，并可能损害社会福利。如果不公平的歧视因素进入算法的自我强化模式中，将越来越不受人的控制和影响，人对算法的干预将越来越困难，亚马逊的定价算法就出现过失控的情况，导致基因学教科书《The Making of a Fly》的网上售价高达2300万美元。为保障算法的公平正义，应该在训练数据的收集环节和算法因素的设置环节注重公平合理，避免人为的歧视因素。同时应加强对算法结果的检验，探索算法审计机制，为算法引入第三方监督。

（五）发挥平台自治与行业自律的作用

"大数据杀熟"涉及复杂的技术、行业、法律等问题，消费者维权难度大，监管机构执法成本高，应当充分发挥平台自治和行业自律的作用，提高平台企业的合规内生动力。中国互联网企业通过共同签署自律公约的方式实现行业自律具有较为成熟的机制，早在2002年在中国互联网协会的组织下互联网企业就签署了《中国互联网行业自律公约》，在20多年的发展历程中，互联网企业先后签订多个自律公约。但是，迄今为止暂无关于数据合规和算法治理方面的行业自律公约。在"大数据杀熟"久治无效的背景下，为提高社会公众对平台的信任，互联网平台可以自下而上形成合理收集和使用大数据和算法技术的行业公约，鼓励各个平台相互监督和评估，形成共同守规的合力。

（六）消费者应该增强自身权益保护意识

对于平台明显的违法定价行为及时取证，消费者应积极向社会或监管机构反映，实现对平台的社会监督。同时，消费者在购物时应该有意识地"货比三家"，下单前审慎决策，多了解市场行情，作出最优的购买选择。面对"信息茧房"效应，也有观点提出可以采取一些技术方法进行应对，比如实施一些"反向用户画像"的操作，包括卸载重装应用、跨地域搜寻商品、搜索一些不相关的信息等。同时，消费者应当提高个人信息保护意识，注重在手机或应用程序设置上进行隐私防御，不轻易提供地理位置、通讯录、相册等隐私权限。

平台经济属于新兴产业，是我国实现"国内大循环"的重要力量。平台经济的健康发展需要良好的外部政策环境，由于平台经济具有传统经济所不具备的特征，包括创新密集性、发展动态性、风险不确定性等，监管者需要摒弃传统的监管思维。因此，有必要引入现代治理理念，实现对平台经济的敏捷治理①。敏捷治理的要求意味着监管者需要灵活、动态的调整政策，重视监管过程中的互动，充分了解行业实情、了解技术原理、了解商业模式，对症下药。以"大数据杀熟"为例，社会公众可能以单一个体的损害否定原本属于中性的价格歧视行为，并容易对平台产生"敌意"。实际上，价格歧视的经济学分析和法学分析都异常复杂，如果监管者"一刀切"地对价格歧视进行禁止，可能对平台经济的创新发展产生不利影响。因此，需要改变传统监管惯性，降低对惩罚和威慑的监管路径的依赖，采取网络化的沟通机制，将平台、用户、行业组织等利益相关者纳入治理过程中，在互动中实现监管与发展的动态平衡。

---

① 薛澜，赵静.走向敏捷治理：新兴产业发展与监管模式探究［J］.中国行政管理，2019（08）：28-34.

第八章
人工智能社会综合治理框架

　　加强人工智能治理已经逐渐成为各界的共识。然而，作为新兴技术的人工智能技术本身所具有的不确定性、模糊性和复杂性使得人工智能治理存在技术研发进程与治理节奏难以匹配的困境——早期治理无从下手，事后治理为时已晚。这一困境使得对人工智能的治理既需要回应技术长远发展可能带来的实质性问题比如风险危害、社会影响和伦理争议，又要处理在回应实质性问题进程中暴露出来的过程性问题，如：

　　（1）缺乏知识和信息下的决策问题。人工智能技术本身发展轨迹的不确定性使得基于科学的决策存在诸多问题。对人工智能技术而言，无论是一味地扶持还是从严地监管，可能都会因为简化和低估了技术的不确定性而使决策的方向出现偏差、遗漏重要的信息。

　　（2）政府机构治理能力不足的问题。传统科层治理的制度特点容易在应对变化和不确定问题时存在灵活性不足、回应性滞后、知识信息不充分乃至容易制度化地忽略某些风险等问题。此外，由于人工智能领域专业知识（包括科学知识和行业知识）难以获取，政府的能力可能并无法支撑实现预期的效果。

　　（3）社会价值分歧的问题。人工智能技术应用的泛在性与多样性往往会在社会层面引起较大的价值冲突和伦理争议（例如人脸识别）。这些在技术发展和治理过程中出现的巨大的社会争议与分歧，可能阻碍技术发展和治理的进程。

　　（4）社会各主体有效参与的机制问题。多元主体参与无疑是人工智能技术治理的大方向，然而如何能够实现有效参与，实现良性互动和沟通，对于各个国家都是一项挑战。

基于前文文献回顾和治理实践问题与经验的总结，本部分围绕治理的 4 个核心要素，即：① 价值（即为什么治理）；② 工具（即依靠什么治理或如何治理）；③ 主体（即谁来治理）；④ 对象（即治理什么），构建人工智能社会综合治理框架，提出人工智能治理的基本原则，描绘主要治理主体之间的参与动机与利益博弈，梳理当前和未来的关键治理对象。除了界定人工智能治理框架各要素的特征，本框架重点在于厘清要素之间的关系，从而构建一个多层次的人工智能社会综合治理框架（图 8.1）。

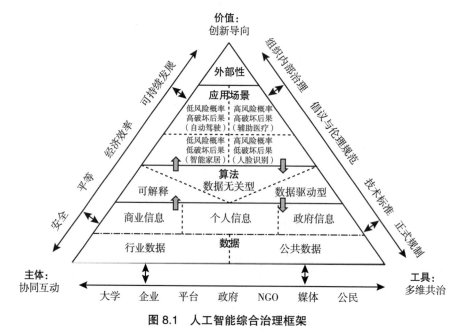

图 8.1　人工智能综合治理框架

资料来源：作者自制。

在这个综合治理框架中，治理价值（目标）引导治理主体利用不同的治理工具对治理对象进行分类治理。然而，治理价值也并不是外生给定的，而是在治理主体不断沟通与博弈中动态演变。治理主体的行为体现治理的价值，但也在影响治理价值的形成（如仅关注产业发展还是也关注公平和个体权利）。治理主体的互动同时影响治理工具的选择以及工具的效能。例如，数字平台成为人工智能治理的关键对象，平台内部的伦理委员会和治理规则将也会成为实现人工智能治理价值（目标）的重要工具。反之，治理工具的选择也会影响不同主体的参与方式以及治理价值实现的程度。

本研究把治理对象（或问题）置于治理跨框架的中心位置，创新性地根据治理问题的普遍性和特殊性属性把治理对象分为数据、算法、应用和结果（外部性）四个层面，提出分层治理的理念。针对治理问题，结合中国国情，本框架提供了中国人工智能治理的价值选择，参与主体以及工具组合。

第一节　人工智能治理的价值：创新导向

著名的科林格里奇困境指出，人们对新兴技术早期的治理缺乏知识，而当人们掌握足够的知识时，治理的措施又已经为时已晚。新兴技术出现的早期，社会对收益和风险没有足够的认知，很难知道为何进行治理，或者利用新兴技术达成什么样的目标。对于新兴技术的应用，我们认为首要的考虑是保证人们生产生活的安全，其次是在此基础上利用新兴技术赋能经济发展，而更高的层次的目标是希望新兴技术能够助力解决当前人类社会面临的可持续发展挑战，尤其是气候变化、环境危机、传染病扩散等。

就人工智能领域而言，一方面要对人工智能的发展保持支持和鼓励的基本态度，另一方面也要对人工智能发展的不确定性、潜在风险和负面影响给予充分的关注，在确保人工智能有序发展和安全可靠可控的同时，着力防止人工智能的滥用或误用。目前，全球主要国家和地区均尚未实现发展与治理的真正平衡。例如，欧洲长期以来所坚持的谨慎态度和严格规制实际上为技术的发展带来了一定的内生性阻力；中国长期以来更加侧重通过产业政策引导技术赋能经济发展，而在治理方面往往面临着"一管就死、一放就乱"的困境。因此，随着人工智能技术赋能力度的不断加强和赋能范围的不断延展，越来越多新兴的社会、技术和产业风险正在被触发。所以，对人工智能的发展保持包容审慎的基本态度，在确保人工智能安全和平等的底线基础上，破除限制人工智能产业发展的制度束缚，利用人工智能赋能经济，以及服务社会可持续发展的目标。

1. 保证人工智能技术安全

保证技术安全是人工智能治理的底线目标。且不谈人工智能能给经济社会发展带来多大的价值，使用人工智能应该首要保证不会对人类生命、健康以及财产等带来严重损害。就如新药物的开发与投入使用，药物的效果要经过层层的临床验证，确保没有显著的健康问题，才能批准上市。在没有技术安全缺乏保证的情况下，不能仓促应用人工智能。或者虽有副作用或者安全风险，应该明确告知其使用的用途、范围和方式等，避免误用。

2. 维护公民尊严与平等

在保证人类身体和财产安全的基础上，人工智能治理需要维护公民精神上的尊严与平等，防止人工智能技术带来性别、种族、职业、年龄、地域、学历和兴趣爱好等方面的歧视造成精神伤害和权利损失，促进社会公平。

3. 人工智能赋能经济发展

人工智能跟电力一样，是一种通用型技术，能够极大提高生产效率，在大规模生产的同时，能够根据用户需求提供个性化的产品与服务，使人们的生活更加便利。在保证人工智能技术安全与公平的基础上，人工智能治理的一个现实目标是减少阻碍人工智能技术发展的不利因素，推动技术的广泛利用，使得更多生产部门和人口可以享受技术带来的红利。

4. 人工智能促进可持续发展

在更高层面上，人工智能技术对于应对人类的重大挑战如气候变化、环境污染、传染病扩散等方面具有重大的潜力。这个层次的目标更多针对公共利益，因而需要公共部门提供更多的激励才能使得更多主体投入相关技术的研发与应用。同时，不少企业为了营造负责任创新的形象以及开辟新的竞争赛道，也可能积极利用人工智能来应对能源、食品、水资源等方面的挑战。

第二节　人工智能治理的主体：协同互动

治理强调多元主体对共同事务的管理，其中的权力运行不是自上而下的单向过程，而是上下互动或者水平沟通的双向过程。人工智能研发、应用与扩散中涉及多个异质主体的权利与责任。这些主体在人工智能社会技术系统中拥有不同的权威、资源、利益与限制，通过各种正式与非正式渠道不断博弈平衡，构成治理的机制复合体。

在传统的治理框架中，政府通常是治理的核心，其他主体之间保持任务非重叠原则并通过宪法或法律手段建立联系，政府保有对社会（即各类非政府主体）的引导控制能力。而当前，人工智能正推动着不同治理主体角色的转变。例如，在商业创新系统中，用户数据作为人工智能技术创新的"新型石油"，决定着人工智能企业的发展前景。用户作为数据生产最重要的主体，其主权不断崛起。在此背景下，人工智能的监管与治理并不再是依靠政府单一力量所能穷尽。例如，数据隐私保护条例的出台涉及数据产生者（用户）、数据聚合者（平台企业）、数据使用者（研发机构）和数据监管者（政府及其他）等多方利益主体之间的博弈和互动，各方都应当具有人工智能治理的知识合法性或参与合法性。此外，人工智能赋能也不断推动着新型研发机构的诞生与大学科研院所的转型，大大降低了科学家和决策者之间知识交流障碍的重大挑战，有力地弥补了政府决策过程中知识或信息来源的局限性。因此，无论是在商业创新系统还是知识创新系统，人工智能治理都正在激发公众、社会团体等更强的参与意识、监督能力和治理权力。

因此，人工智能治理应该构建由政府、企业、高校、科研机构、社会团体、公众等共同组成的人工智能多重协同的治理机制复合体，明确权责的归属，有效地实现不同主体之间的灵活互动和敏捷沟通，更加高效地应对现代化治理体系中的高度复杂性、高度不确定和高度联动性等多重治理挑战。

1. 政府

虽然政府在治理话语中已经不是唯一的权威，但仍然是公共事务治理中最具权威与正当性的主体。在人工智能治理中，政府不仅仅是人工智能技术的外部规制者，也是人工智能技术的使用者、受益者和被支配者。政府的作用主要在于制定基本规则，塑造良好的市场环境，引导人工智能的负责任开发与引用，限制技术的负外部性，并利用人工智能技术提升公共服务的效率和质量。具体而言，对于人工智能治理政府可以发挥四种角色。首先是规制者，政府通过建立人工智能技术发展的基本规则，遵守安全与健康的基本底线，引导负责任创新，促进行业可持续发展。其次是示范者，通过政府采购和公共项目等，一方面直接为人工智能技术提供试验空间和收入回馈，另一方面为其他使用人工智能技术的市场主体提供示范作用。再次是供给者，从产业发展的角度来看，政府可以为人工智能产业发展提供资金、政策和服务等方面的支持。最后是连接者，政府要成为企业、用户以及研究机构等主体的沟通中介，搭建平台和桥梁，使得供需链条上的主体可以顺畅沟通反馈，推进对相关问题的快速回应。

2. 企业

在人工智能时代，掌握数据、算力和前沿行业知识的科技企业在人工智能治理中将发挥越来越重要的作用。出于自利的本性，企业会加剧数据资源的争夺和利用，开发新奇技术，并试图获取垄断利润。在人工智能治理这一新兴议题中，完善的监管体系与制度尚未成型，企业拥有很大的博弈空间去寻求一个有利于技术开发与应用的规则体系。然而，在负责任创新理念以及公众权利意识崛起的压力下，企业也有打造负责任形象赢得差异化竞争的动力。企业在人工智能治理中可以扮演对内治理和对外参与治理两种角色。首先，企业是人工智能技术的供给者。企业首先要保证生产人工智能产品的过程合乎伦理与法律，尤其是数据的获取与利用；其次要确保所生产出来的人工智能产品安全可靠；最后在使用环节企业应该限定产品的使用的范围和条件，避免技术的滥用。在对外参与治理中，企业一方面可以通过自律形成示范效应，例如积极实行更严格的技术安全标准，或者利用人工智能技术应对社会重大挑战议题（如气候变化）。企业的负责任价值观还可以通过选择与约束上下游供应商和合作商的方式传递负责任开发与应用的要求。对于平台型企业，平台可以通过内部管理规则，促进平台上的用户和商家合规合法地经营。企业还可以利用丰富的数据、巨大的算力和前沿的行业知识，加强政企合作，共同应对跨部门跨区域的新兴治理问题。

3. 大学

大学不仅仅是科学知识的供给者，也是人才的培养者和社会价值观塑造的重要主体。在知识供给上，大学不仅在计算机科学、物理学、数学等人工智能相关领域的基础研究上有重要的地位，还在哲学、公共政策、企业管理、社会学等人文社会科学领域有丰富的知识储备。在某种程度上，大学扮演着政府与行业的中间者角色，一方面与企业合作进行技术开发和人才培养，另一方面为政府决策提供咨询。此外，大学还是社会文明的灯塔，深刻影响社会发展的价值观选择。在人工智能治理中，大学本身要将负责任的理念践行到科学研究中，尤其是在与掌握资本和数据的企业合作研究过程中，要保持独立价值，不被资本的力量侵蚀而成为企业利益代言人。大学培养的技术人才和管理人才将是社会的中坚力量，需要在培养过程中重视人文精神的塑造，提升负责任创新的能力与意识。高校的学者还可以通过深入的学术研究，深刻地挖掘治理实践中的问题与根源，从而为科学治理提供决策咨询。

4. 公众

普通社会公众是人工智能技术的使用者，是切身利益受技术影响最直接的群体。公众在人工智能治理中，一方面可以通过用脚投票的市场机制，选择安全可靠负责任的产品和企业，淘汰不负责任的企业，塑造正向的市场选择环境；另一方面，公众可以直接通过向网络、媒体和社交平台等渠道，表达需要对负责任产品的需求和反馈。再者，公众可以通过政治参与，影响个人隐私、数据保护、技术标准等法律法规的形成。社会公众参与治理的过程也是学习和了解人工智能技术的过程，可以减少信息不对称，一定程度上降低公众对新技术的恐惧，同时提高他们的自我安全保护意识，并提升识别和预防风险的能力。

5. 媒体和非政府组织

媒体是治理过程的监督者，是信息的收集者和传播者，对于缓解治理过程中的信息不对称具有重要作用。一方面，信息的扩散有利于凝聚散落的共同利益个体，强化治理涉及主体的意见表达；另一方面，媒体曝光的压力将大幅增加市场主体不负责任行为的成本，而对最佳实践的宣传也将有利于更多主体的学习与效仿。非政府组织能够围绕具体方面的公共利益（如隐私，公平，就业等），描绘发展现状，形成专业认识，扶助弱势群体，并帮助政府部门更有效地进行决策。

6. 国际组织

国际组织有助于协调不同国家和地区之间人工智能治理的矛盾，沟通数字贸易、军事安全、伦理准则等方面的基本规则。国际社会可能需要建立类似国际原子能机构的专门性国际人工智能治理机构，搭建沟通平台，协商制定基本规则，引导人工智能治理的价值选择。

第三节　人工智能治理的对象：分层治理

人工智能是个笼统的概念，包含众多要素、技术和场景，若不加区别地把整个人工智能作为治理对象，必然造成治理问题的失焦。在人工智能技术的研发、生产、应用和产生影响的过程中，既涉及人工智能算法和应用的特殊性问题，也包括普遍性的基础问题，如数据治理和个人信息保护，它们不仅是人工智能发展中面临的问题，也是许多其他数字技术和商业模式发展所需解决的问题。因此，人工智能治理的对象需要有一个从普遍到特殊的分层治理过程，需要社会对共性的基础问题达成共识，而在人工智能的具体领域形成分场景、分级别的治理措施。对共性的数据和算法问题形成共性的底线约束，对应用场景的个性化问题形成专门治理规则。

1. 基础层：数据与信息

数据是真实世界的记录，而信息是对社会主体（个体或组织）有意义或价值的数据。因此，并不是所有的数据都能产生有效信息，需要对数据和信息有一定的区别的对待，才能更加精准治理。就数据而言，数据治理必须兼顾数据保护和数据利用两个方面。2021 年 6 月出台的《数据安全法》聚焦数据安全领域的风险隐患，确立了数据分类分级管理、数据安全审查、数据安全风险评估、监测预警和应急处置等基本制度，以提升国家数据安全保障能力，有效应对数据这一非传统领域的国家安全风险与挑战，切实维护国家主权、安全和发展利益。

"数据安全"可包括"数据自身安全""数据自主可控"和"数据宏观安全"三个层面。"数据自身安全"指的是通过身份认证、访问控制、数据加密、安全管理审计等技术措施以及必要的安全制度，确保数据的保密性、完整性、可用性；"数据自主可控"指的是国家对"关系国家安全、国民经济命脉、重要民生、重大公共利益等数据"的"核心数据"以及"一旦遭到篡改、破坏、泄露或者非法获取、非法利用，对国家安全、公共利益造成严重危害"的其他重要数据，通过数据目录、风险评估、本地化和出境管控等措施，确保国家享有支配力，避免被其他组织或国家非法操纵、监控、窃取和干扰；"数据宏观安全"指的是防控和管理因数据处理活动引发国家安全、公共利益或公民、组织合法权益的威胁。

数据利用应突出数字基础设施与数据标准的建设与引领作用。数字基础设施是数据要素价值创造的关键一环，正如煤矿开采技术的进步导致煤的价值增加一样，数据价值的呈现需要相对低廉的数据使用和处理成本，而这就需要在政府层面推动 5G、工业互联网、云计算、数据中心等数字基础设施的建设。除了上述物理基础设施，数据价值的创造还需要数据归集、共享和开放，这需要政府层面的政策推动，行业层面的标准确立和国家层面的法律规范，可以被视为数字经济发展与数字社会建设所需的"软性"基础设施，应成为未来数据政策的主要着力点和努力方向。

在信息层面，很大部分数据的使用涉及个人、企业和政府等组织的敏感信息，这些信息既是一种资产又是一种权利，个体和组织有权利保护自己的信息不被外人轻易获取。在《数据安全法》的基础上，《个人信息保护法》等法律法规可针对信息层面提供保护和利用规则。

2. 中间层：算法

技术层面的治理关注技术本身不确定性带来的问题，尤其是人工智能算法的"黑箱"问题，算法稳定性和安全性问题。算法治理的首要任务是对算法进行分类处理。机器学习算法和深度学习算法有两个特征使得其算法的"黑箱"问题非常严重：其一，算法输出的准确率、识别率等性能极度依赖于输入数据的数据量，只有当后者达到一定的数量阈值之后，其性能指标方能达到用户的满意度；其二，算法模型本身的复杂度和参数数量因为其迭代性和自优化性而日趋庞杂。因此，本研究认为需要从两个维度对算法进行划分：是否属于数据驱动型算法和算法的可解释性程度。

考察算法与数据之间的关系时，人工智能算法可以分为数据驱动型算法和非数据驱动型算法两大类。基于神经网络的一系列算法都属于数据驱动型算法，联结主义流派的算法大多属于此类。与之相对的，基于逻辑的或者推理的系列算法，往往是属于非数据驱动型算法，符号主义流派的算法大多属于此类。而从算法可解释性的角度来看，人工智能算法存在多个子划分维度。一种简单可行的做法是将人工智能算法分为透明性算法、模型难解释型算法和结果难解释型算法。

总体而言，对于数据驱动型算法，算法治理的治理手段可以更多地诉诸数据治理，保障数据安全和数据质量，就能够进行有效的算法治理；对于非数据驱动型算法，则更多地需要从数据使用主体和算法运行结果两个环节进行算法治理。对于透明性算法而言，其运行过程和基于其上的决策过程，往往是透明可控的，其算法治理只需要在算法的输入端和输出端加以规制即可；对于模型难解释型算法，可以利用简单的透明性模型进行模型分解，最后使得算法的运行过程可以追踪，增强算法的解释性；对于结果难解释型算法，由于其运行过程不可知，就需要运用黑箱测试的原理，根据需要解释的对象，按照其能够理解的话语体系重新解读模型输出结果的因果逻辑构成。

人工智能算法的稳定性是指算法不会随着其他因素而改变其运行过程，算法的性能指标能够保持在一个合理变化的范围内。对于非数据驱动型算法而言，算法复杂度往往是提前可以预知的，其稳定性一般较好；而对于数据驱动型算法而言，算法的稳定性则取决于训练数据、测试数据和真实数据之间的相似度。总体而言，训练数据集越大，数据标注质量越高，人工智能算法的稳定性就越强。因此，数据驱动型算法治理的核心实则在于训练数据和测试数据的数据量和数据标识的积累，以及相关数据治理的工作。

人工智能算法的安全性是指算法处于不易受到攻击、算法模型参数的传输安全与不易泄露、算法运行过程安全可控等状态。由于人工智能的安全治理属于一个全面的系统性的工程，算法安全性和数据安全性往往绑定在一起。因此，针对不同的算法特点，需要不同的规则和技术，需要在基础设施、算法和数据安全等领域加大研发投入，发展出更加透明的、可解释的、安全的和稳定的人工智能系统。

3. 应用层：场景

人工智能是通用型技术，应用到不同的场景，需要结合不同场景的特征、需求和规则，形成"场景驱动"的治理体系。然而，不同的场景特征与需求千差万别，我们在此不大可能为每一个场景都提供详尽的治理规则。因此，本小节从场景使用的技术以及可能所引发的风险两个维度，区分不同场景治理的主要特征，提出分级治理的思路，包括技术的智能化程度和技术在特定场景中所引发的风险等级。

　　按照使用技术的智能化程度，我们通常将人工智能分为弱人工智能（也称狭义人工智能）、强人工智能（也称通用人工智能）和超人工智能三类。其中，弱人工智能的智能化程度限于"解决特定问题或完成特定任务"；强人工智能的智能化程度能够达到"凭借对物理世界及其因果链条的理解，将已有知识应用于不同的环境"；超人工智能则可以达至"完全超越人类智能"的程度。总体而言，我们当下处于一个充满弱人工智能的世界，享受着自然语言理解、计算机视觉等领域人工智能技术所带来的便利与体验；强人工智能与超人工智能目前尚不成熟。可以说，由数据驱动的、依靠机器学习的人工智能想要真正迈向能够理解数据之间关系及性质的人工智能仍需要一定的时间以实现科学的突破。因此，现阶段人工智能治理应当首先将弱人工智能与强人工智能、超人工智能分而治之。对于弱人工智能，主要依托技术创新政策，通过应用的推广充分发挥其对各行各业的赋能作用，特别是在提升生产效率、改进商业模式、完善社会治理等方面；同时辅以数据、伦理等方面的规制政策，以保障其健康发展。对于强人工智能和超人工智能，主要依托科学技术政策和基础研究领域的长远规划，促进科学研究以尽快实现对现有机器学习范式的深化及突破。

　　另外，技术所引发的风险等级由风险发生的概率与风险一旦发生所引发的后果共同塑造，这与不同的应用场景高度相关，风险等级的划分见下表8.1。

表8.1　技术所引发的风险等级划分

风险等级		风险发生的概率	
		高	低
后果的严重程度	高	Ⅰ	Ⅲ
	低	Ⅱ	Ⅳ

资料来源：作者自制。

　　根据表8.1，我们可以按照风险发生的概率和风险一旦发生其后果的严重程度将人工智能技术所引发的风险等级划分为四个等级：①Ⅰ级为发生的概率高且一旦发生其后果尤为严重的风险，此类风险需要优先治理，例如辅助医疗；② Ⅱ级为发生的概率高但其后果不算严重的风险，此类风险要及时治理，例如平台未征得用户同意进行数据收集造成的对个人隐私的侵犯（如人脸识别）；③ Ⅲ级为发生的概率低但一旦发生其后果尤为严重的风险，此类风险需要预见治理，例如自动驾驶；④ Ⅳ级为发生的概率低且即使发生其后果也不严重的风险，此类风险可以通过激发主体的志愿意识进行治理，如智能家居。

4. 结果层：外部性

即使有合理的技术使用规范，技术的负外部性总是难以避免，例如权力的极化、贫富差距扩大、就业替代，以及信息茧房等效应。人工智能治理的结果维度针对技术发展和应用带来的负面后果，补偿和帮助权益被侵害者或弱势群体，促进社会公平。

第四节　人工智能治理的工具：多维共治

治理工具是治理主体用来解决治理问题的途径、方法和手段。不同的工具有不同的优势和局限，在不同尺度、场景中发挥不同的功效。因此，没有一个单一的工具能够解决所有的问题，而是需要形成一个有层次的工具体系，各种工具各施所长，形成人工智能治理的合力。

1. 宏观尺度的工具

国家规划是引导人工智能发展方向的重要工具，是一个国家体现人工智能治理价值的重要载体，不仅要规划技术和产业发展的目标和进程，也需对如何负责任开发应用提出要求。法律是最具权威的治理工具。法律制定人工智能技术开发、应用和开发的基本规则，明确价值链条上各主体的权利与义务，对治理主体形成强制压力。市场竞争是无形之手。充分发挥市场的调节作用，将使企业和产品优胜劣汰。市场也有可能逆向选择，需要国家规划的宏观指引。

2. 中观尺度的工具

人工智能社会实验可以选取城市、农村、企业、医院、学校、政府机构等不同领域的真实应用场景，设立实验组和对照组进行长时间周期、宽空间区域、多学科综合的介入式观测，围绕风险认知、利益获得、价值形塑、组织变革、制度变迁、政策回应等测量指标，进行科学测量，对人工智能的治理工具以及社会影响进行综合性科学循证研究，为更大范围的人工智能治理提供科学的、第一手的理论参考、实践经验和技术规范。

3. 微观尺度工具

在微观层面，需要结合技术特征和场景需求的自律规范、技术标准和监管科技。自律规范是行业范围或企业层面自我约束的规范，利用行业组织的奖惩机制和企业社会声誉竞争，对行业内的企业和用户形成约束力。技术标准包括基础技术标准、产品标准、工艺标准、检测试验方法标准，以及安全、卫生、环保标准等。根据标准的约束力，标准可以分为强制性标准和推荐性标准两大类。强制性标准以国家强制力保障实施，本身就是一种技术法规，而推荐性标准一经接受并采用，或各方商定同意纳入经济合同中，就成为各方必须共同遵守的技术依据，也具有法律上的约束性。人工智能技术标准不仅要在安全可靠等方面设立高要求，也需要将伦理考虑纳入其中。监管科技是更加有效和高效地解决监管与合规要求而使用的新技术。人工智能技术与产品涉及海量的数据和瞬息万变的计算需求，仅靠人工检测已经难以实现，需要利用监管技术使人工智能产品安全、可靠、符合伦理要求。

以上是从治理尺度方面对工具的简单分类，但实际中我们也可以根据治理工具的强制性程度，形成一个强制性由强到弱的治理工具谱系，包括正式规则、技术标准、倡议和伦理原则，以及组织内部治理规范。

1. 正式规则

在正式规则中，法律是最强有力的武器。目前，美国、欧盟国家等已经开始针对智慧医疗、自动驾驶等不同领域专门立法的规制策略。例如，2017年9月6日，美国众议院一致通过美国首部自动驾驶汽车法案（H.R.3388），该法案修订了美国交通法典，规定了美国国家高速公路安全管理局对于自动驾驶汽车的监管权限，对无人驾驶汽车中的某些具体细节进行了监管，并允许各州、自治区、省或地方政府根据实际需要设定监管制度，同时为自动驾驶汽车提供安全措施，奠定了联邦自动驾驶汽车监管的基本框架。比利时、爱沙尼亚、德国、芬兰以及匈牙利等欧洲国家/地区，都出台了"允许无人驾驶汽车上路测试"的法律。此外，防止数据滥用、保护隐私及数据安全也是以法律法规为主要治理工具的关键领域。目前，有 31 个国家及地区制定了"禁止在客户未事先同意或配合其他限制性条款的情况下，交换及共享客户数据"的法律。英国、巴西以及美国的各个州也制定了自己的限制性数据隐私法规，其中美国还在联邦政府层面着手制定法律法规。预计在未来几年中，将有更多国家 / 地区出台"数据使用规范"方面的法律条款。

2. 技术标准

当前，最值得依赖的治理工具之一是正在形成的国际技术标准。由国际标准化组织（ISO）和电气电子工程师学会（IEEE）牵头拟定的国际标准虽然难以实现人工智能领域的全部治理目标，但在法律规则仍显不足的情境下，标准是实现全球解决方案的有效途径之一。标准可以通过规范产品的规格、可解释性、鲁棒性和故障安全设计等特征影响特定人工智能系统的开发和部署。标准还可以通过规范开发流程影响人工智能研究、开发和部署的大环境。标准的建立、传播和执行可以在研究人员、研发机构和政府之间建立信任，并可以在全球范围内起到传播最佳实践的作用。例如，为提高自动驾驶汽车安全性，2019 年 IEEE 通过了一项提案，以推进自动驾驶汽车决策系统相关标准的制定工作，并委派英特尔资深首席工程师 Jack Weast 担任该工作组的负责人。随着越来越多的行业代表开始逐渐加入标准制定的过程之中，未来标准（包括地方性、区域性、国际性等不同层级）将能够更好地对人工智能产业的发展形成良性的约束，成为人工智能治理的重要工具之一。

3. 倡议和伦理原则

单纯依靠原则性、普适性较强的法律法规还很难满足人工智能特殊化、差异化应用场景的发展需求。建立在人类行为因果关系基础上的法律规制体系虽然具有约束力强、审慎性高的特点，但也因其较强的滞后性而难以适用于以算法、数据主导的多样化应用环境。有鉴于此，治理原则、治理宣言、行为规范、国际倡议等也都逐渐成为人工智能赋能治理的重要工具。例如，中国国家新一代人工智能治理专业委员会发布《新一代人工智能治理原则——发展负责任的人工智能》，从和谐友好、公平公正、包容共享、尊重隐私、安全可控、共担责任、开放协作、敏捷治理八项原则出发提出了人工智能治理的框架和行动指南，强调人工智能发展与智力的协同共演、多元包容与健康有序。2018 年

12 月，旨在推动人工智能治理全球合作，代表人工智能发展道德准则的《负责任地发展人工智能蒙特利尔宣言》获得公民、专家、公共政策制定者、行业利益相关者和民间社会组织的广泛共识。2017 年，IEEE 发布《人工智能设计的伦理准则（第 2 版）》。与此同时，一些知名科学家、企业家发起国际性的治理倡议，由未来生命研究所发起，一些科学家领衔推动全球联署的"阿西洛马人工智能 23 条原则"（Asilomar A.I. Principles）已有超过 1000 名人工智能 / 机器人研究人员以及超过 2000 名其他领域专家签署，以试图在观念和规范层面凝聚全球共识，这些源于非正式组织的、多样化的人工智能治理工具对改善技术风险认知、增强社会抗风险能力有重要的促进作用。

4. 组织内部治理规范

企业在市场竞争和社会责任的双重压力下形成的内部治理规范，是人工智能治理的重要一环。新加坡的人工治理框架提出了组织在人工智能治理中四个具体的考虑维度：① 组织内部治理结构和方法；② 人工智能决策系统中人类的介入程度；③ 执行管理；④ 参与者的互动和沟通，具有很大的启示。伦理委员会是科技公司履行人工智能伦理责任的最基础机制①。许多科技企业都成立了人工智能伦理委员会，例如微软的 AETHER 委员会、谷歌的人工智能原则审查小组、IBM 的人工智能伦理委员会等。上文中，微软公司对人脸识别提出了六项原则：公平性、透明性、问责制度、非歧视性、知情同意，以及合法监视。在算法透明性方面，谷歌推出了面向人工智能的"模型卡片"机制，IBM 则推出了"人工智能事实清单"机制，这些机制类似于产品的说明书与食品的营养成分表，对人工智能模型相关的模型细节、用途、影响因素、指标、训练数据、评估数据、伦理考虑、警告与建议等方面进行解释说明，以便人们可以更好地理解、认识人工智能模型。此外，谷歌、微软、IBM 以及一些人工智能伦理创业公司等都在积极开发多元化的人工智能伦理工具并集成到云服务中，提供人工智能伦理服务，赋能客户与产业。

---

① 曹建峰 . 人工智能治理：从科技中心主义到科技人文协作［J］. 上海师范大学学报（哲学社会科学版），2020，49（05）：98–107.

人工智能治理的实施路径对策建议

根据前文对人工智能技术特征、治理问题与经验的总结，以及构建的人工智能综合治理框架，我们认为人工智能治理需要结合当今科技治理的前沿趋势，突出敏捷治理、多元协同、负责任治理等核心理念，利用法律、标准、技术、规范等多维工具，对从基础数据到具体应用的不同级别治理对象实行分层治理，即对普遍的数据等共性问题提供治理规则，并要结合应用场景的风险特征提供具体治理措施，形成从普遍到特殊精准覆盖的分级治理路径。

第一节　遵循新兴技术治理的前沿理念

1. 从被动应对走向主动塑造

人工智能作为一类新兴技术，其治理路径与科技治理进程的发展演变密不可分。早期的科技治理在技术决定论的影响下，往往仅局限于评估和规制技术应用带来的负面影响，而且认为这些影响是客观的并可以被科学地评估出来。随后的发展使得人们意识到技术的影响并非完全客观，还涉及社会的互动，因此引入了对伦理、法律和社会问题的思考。但是单纯的社会伦理评估依然是被动的，并不能在技术发展过程中就塑造其发展路径。因而，当前的科技治理更加重视通过伦理治理、预期治理、建构式技术评估在研究议程设定、研究过程实施中提供实时反馈，从而主动塑造技术的发展方向。当前最前沿的发展就是负责任研究与创新的治理框架，这一治理框架了实现了从风险结果向创新过程的治理，是目前最具代表性的主动塑造式的治理模式。

2. 从末端治理走向全流程治理

与从被动向主动转变的趋势相呼应，治理所聚焦的治理阶段也从对研究成果、技术产品的规制和监管逐步向中游的研究过程、设计生产乃至上游的研究议程设定、科技政策、伦理原则等方向拓展。由于新兴技术属性的差异，不同类型新兴技术所适合的治理介入阶段并不完全相同。对于人工智能这类对研究方向、研发过程十分敏感和极具可塑性的技术而言，把握先机、及早介入、主动塑造显得十分重要。

3. 从制度应对走向动态治理

与上述两方面的趋势相呼应，过去诸如风险评估、技术评估、立法规制等治理手段与传统科层制的治理体系相匹配，而更加积极主动和向中上游拓展的科技治理，则需要新的更具灵活性和回应性的治理模式。从近三十年科技治理发展的趋势可以看到，在治理方式上越来越强调软法、原则、伦理等不具有法律约束力但是十分灵活的治理规则；在治理手段上采取了共识会议、建构性技术评估、实施技术平台、预期治理等能够动态吸收社会各方意见并反馈作用于技术研究的治理方式；在治理结构上，发展出了介于政府与社会之间的委员会等边界组织，以及实验室和企业中的负责任创新研究团队等具有充分灵活性和反思性的组织形态。

4. 从强调权利走向强调责任

在西方近代以来的法律传统中，尤其第二次世界大战之后，个人权利与尊严成为伦理和价值共识的基石，因此早期科技治理中十分强调人的权利。与此相呼应，研究自由也被视为科技创新者的权利。但是对个人权利的关注本质上是一种被动的应对。从21世纪初开始，可以发现西方的治理理论变得更加积极主动，并开始强调科学家、企业的研发创新责任。而在中国的文化观念中，责任或者义务的意识一直占据了主导地位，因此中国科技治理也有一定的文化优势可以利用。

5. 从管理到灵活弹性的敏捷治理

敏捷治理指一套具有柔韧性、流动性、灵活性或适应性的行动或方法，是一种自适应的以人为本的，且具有包容性和可持续的决策过程，其概念旨在改变在第四次工业革命中政策的产生、审议、制定和实施的方式。敏捷治理的核心价值在于弹性、回应性和适应性。敏捷治理强调在动态变化的环境下，思考和设计政策流程或服务，跟随科技创新的节奏和产业发展的速率调整政策的节奏和力度，避免产生阻碍、延缓前沿科技发展的不利情况。实现监管敏捷的一个重要路径是追求治理工具的灵活性和针对性，要实现敏捷治理，必须充实和完善前沿科技领域治理的"工具箱"。一方面，针对前沿科技领域的积极效应，采用低强度政策工具，即要为前沿科技的发展创造良好的外部环境，如志愿性政策工具和信息性政策工具。另一方面，针对前沿科技领域的负面效应，采用高强度政策工具，即针对前沿科技可能引发的负面效应加以监管，更多采用管制性政策工具。此外，还要优化政策工具组合，即综合运用针对前沿科技创新行为的关键政策，如研发政策、人才政策、税收政策、行业标准、监管框架等。在探索规则过程中，不宜急功近利地一次性出台强制性规范，这样会将新技术"一棒子打死"。监管者需要为新技术发展留有一定空间，充分调研行业情况，并在看准问题的本质后，进行精准施策。

6. 从一般经验到基于本土国情的治理尝试

中国有着与西方世界不同的治理结构、不同的"科技–社会关系"，并处于不同的发展阶段。这给中国的人工智能治理带来了新的挑战，但也提供了特殊的机遇。中国特殊的治理结构和治理机制，中国传统哲学中应对不确定性的思想观念，一直以来重视责任和义务的社会氛围，这些都可以成为中国人工智能治理的良好基础。例如，韩博天（2017）指出，中国的政策范式优势在于能够平衡长远规划与微观创新，不断利用地方试点实验的方法，去理解和利用不确定性，而不是简单地消除不确定性，使得中国能够在新兴事物带来的不确定性中不断学习和创新。在人工智能治理中，中国既有宏观尺度的国家规划目标，又有不断鼓励地方和部门人工智能发展与治理的政策试验，在不断试错中积累对人工智能技术与应用实践经验，从而寻求较优的治理之道，并在适宜的条件下上升为更大尺度的治理规则。

第二节　完善数据保护与利用的规则与能力

1. 规范个人数据的收集、存储、传输、和使用

在《数据安全法》的基础上，完善数据确权、交易和分配等规则的立法，

平衡数据保护与利用。首先，在数据采集上，要求人工智能的运营者提供隐私政策，告知用户，并获得用户同意，若用户不同意则需给出替代方案。例如，在人脸识别摄像头安装处张贴告示，让用户知悉自己正在被抓拍，并告知人脸信息的用途和风险，给予用户选择退出的权利，同时给予用户要求删除的权利。其次，数据要分层管理。例如在智慧小区场景中，为了保护住户隐私，应该对智慧小区数据采取严格加密和权限分级，小区物业公司只能查看与物业管理相关的公共画面和数据，公安机关只能在其职责范围内管理和使用相关数据。

2. 保障人工智能的运营者具备数据安全能力

人工智能运营者应该建立完善的权限管理机制，避免超级用户滥用系统管理权限，造成数据泄露或人脸识别技术被滥用。特别是网络安全攻击时有发生，个人信息泄露事件频发，更需要加强个人信息处理者的安全保护能力。利用信用评级制度，将滥用生物信息识别或产生严重数据泄露事件的企业纳入黑名单，通过国家信用系统向社会公示。

3. 加强执法规范个人信息采集、存储和使用

《网络安全法》将个人生物识别信息纳入个人信息范围。《民法典》规定收集、处理自然人个人信息应当遵循合法、正当、必要原则，征得该自然人或其监护人同意，且被采用者同意后还有权撤回。《个人信息保护法（草案）》对图像采集、个人身份识别进行了明确规定。2020年新版《信息安全技术 个人信息安全规范》也对个人生物识别信息的收集、存储和披露等环节进行了明确规定。法律法规需要得以严格执行才能产生威慑力，因而需要监管机构进行强有力执法，树立典型案例。

第三节　加强对不同类型算法的规范管理

1. 为算法提供者设立行业准入标准和资质要求

个别企业的违规经营将影响整个行业的发展，为防止不良企业破坏行业健康生态，应该对算法进行市场准入规范，如要求对算法进行备案或要求市场主体获得数据管理资质。算法备案管理制度已经在金融行业进行了尝试，如我国《关于规范金融机构资产管理业务的指导意见》就规定"金融机构应当向金

融监督管理部门报备人工智能模型的主要参数以及资产配置的主要逻辑，为投资者单独设立智能管理账户，充分提示人工智能算法的固有缺陷和使用风险。"通过制定行业准入标准避免那些无规则意识的企业扰乱市场秩序，避免劣币驱逐良币。2021年3月26日，中国人民银行发布金融行业《人工智能算法金融应用评价规范》，该文件从安全性、可解释性、精准性和性能方面开展AI算法评价，这是相关行业主管部门规范算法的最新尝试。

2.技术创新保障算法的安全性、准确性和隐私"友好"

算法设计时可能受到人的影响，有一些人为的歧视行为。算法也受到数据的影响，训练数据的质量和类型会影响算法的识别效果。算法提供者应该保证有高质量的数据训练算法，保证数据的全面性和充分性，避免区域差异、种族差异和性别差异。为算法建立安全标准，进行技术创新，从技术上实现更加安全的功能，实现隐私友好，包括尝试联邦计算、隐私计算、同态加密、差分隐私等。

3.明确算法监管机构与职责

脆弱性、机器学习算法缺乏可解释性、人工智能的对抗性较弱是人工智能面临的三大技术瓶颈，也是人工智能带来风险的主要来源。应高度重视对算法的监管，如对滥用人脸识别技术和"算法黑箱"侵犯公民合法权益的行为开展专项监管行动。同时，建立定期的审查机制，对算法提供者的数据安全保障措施、算法开发透明度等进行评估和监督。

第四节　推进结合应用场景特征的精准治理

人工智能所反映出来的问题既有共性问题也有与场景高度相关的个性问题，建议对人工智能的治理坚持"高基准、重场景"的治理策略。为了避免行业逐底竞争，保障公民基本权益，首先对人工智能所涉及的关键环节如数据、算法、系统开发、产品部署等进行统一地高标准规范。对于可能给公民基本权益、社会稳定、国家安全造成严重影响的场景，应联合学界、业界以及社会的多方主体进行专项治理研究，并制定场景风险判定依据，按照场景的类型和风险等级进行精准治理。针对人工智能的不同场景，可以根据本文所提出的伦理敏感的语境（ESSC）中六大分析因子或者技术所引发的风险等级进行风险评估，并针对可能出现的问题提出救济方案，避免一刀切地禁止非出于公共安全之目的的使用。

1. 为人工智能技术的部署建立必要性（或风险）评估机制

为人工智能技术的运用场景制定标准，根据技术实现方式、技术成熟度、功能目标、潜在风险以及数据安全保障情况等，以必要性和目的正当性为评价指标，明确允许场景和部署条件。以人脸识别技术为例，监管机构可以设置黑名单，为人工智能的场景部署划定红线，构建分级管理机制，包括"可以、附条件、禁止"等。如在中小学教室课堂安装摄像头实时抓拍人脸表情，这种场景需要限制乃至禁止。再如在公共厕所安装人脸识别技术以方便用户取厕纸，这种应用场景的必要性和效率都较低，不符合正当和必要原则。公众场所不得变相强制使用人脸识别。如在商场、公园等公众场所，随意更改入园方式，变相强制要求使用人脸识别涉嫌侵犯个人合法权益。

2. 加强对人工智能运营者的监督规范

对人工智能技术提供者和运营者进行定期审计和评估，查验对方算法完善和数据管理情况，确保按照法律法规和行业标准运营。可以基于行业组织和第三方评估机构，共建算法、隐私检测评估平台，制定算法、隐私安全检测方法和指标，开发检测工具，保证检测的时效性和客观性。重视对部署和运营人工智能技术的主体进行规范，部署人工智能技术需要备案，形成追责机制，满足特定资质包括数据管理能力、数据安全能力等。要求人工智能系统运营者对数据库加强安全加密措施，建立统一规范风险的标准。

第五节　健全人工智能治理的工具谱系

1. 构建伦理、法律、技术和自律规范的治理工具谱系

伦理虽然是制定法律的基础，但它只是法律制定过程中需要考虑的一环，并非所有合乎伦理的事情都一定会成为法律。因此，制定法律法规时建议采取包容审慎的态度：一方面以场景化的治理思路，严打可能对个人基本权益、社会稳定与国家安全等造成危害的不当行为；另一方面紧跟技术发展，对技术引

发的各类问题予以高度关注，但不草率立法。可以让柔性的伦理治理先行，通过设计体系化的伦理治理结构，帮助从业者和监管者及时发现问题，评估风险级别，积累治理经验。待成熟以后，再有选择性地对重点问题进行强制性立法约束。最后，在伦理与法律刚柔并济的同时，将技术治理作为重要的手段进行突破，做到标本兼治。此外，组织层面的自律规范与能力是人工智能治理的重要基础。

2. 开发和提升利用技术监管数据和算法问题的能力

以技术应对技术问题，不仅可以高效地识别、管理和应对潜在风险，还能激发技术创新，变革经营模式。技术治理包括两层含义：防御型技术治理和进攻型技术治理。防御性技术治理的特点在于用技术手段识别、管理人脸识别应用过程中可能出现的风险，进而帮助技术开发者、运营者、监管者及时发现问题，并最小化可能带来的负面影响。目前在人脸识别领域，各家企业所使用的防御性技术主要涉及数据安全、隐私风险的识别与保护、算法偏见分析、DeepFake 人脸深度伪造检测等。例如，在隐私保护方面，联邦学习框架既能促进数据利用，又能很好地保护个人隐私。简言之，联邦学习是指在进行机器学习的过程中，各参与方可借助其他方数据进行联合建模，但却无须共享其数据资源。借助联邦学习，可以解决数据不完整、数据不充分等问题，同时保护个人隐私及数据安全。

3. 利用企业治理内部规范推进产业治理

1）建立和完善人工智能伦理委员会机制

企业应结合自身组织的特点，以法律规制为底线，以伦理规范为指导，进行创新治理。伦理委员会是科技公司履行人工智能伦理责任的最基础机制。人工智能企业应该成立伦理委员会，制定人工智能伦理相关的内部标准与流程，并基于此对人工智能相关业务进行伦理审查，以识别、预防、消除人工智能相关应用在安全、公平、隐私等方面的风险。在具体运作上，伦理委员会需要多元参与，即需要技术、法律、伦理等不同专业领域人士的协作配合；伦理委员会负责建立案例、标准、程序、工具、资源等，组建制度知识的资料库，发挥治理主体的作用。此外，伦理委员会比政府立法反应快，能够及时跟进技术创新与应用的快速发展。

2）企业应加强内部员工的合规意识与伦理素养

人工智能的治理涉及数据、算法、系统、部署等多个环节，如果完全凭借企业内部合规人员进行逐一审查，一则效率极低，二则无法保证相关环节得到真正落实。这种"串行"的合规监督机制应该通过技术手段和不同环节员工的主动参与，实现"并行"化。一种方式是，对于牵涉到上述环节的重点人员，企业应加强对其合规意识、伦理素养的培训。对于直接牵涉其工作内容的，企业应从制度和技术评估两个维度展开"责任到岗"的治理，将共治的理念嵌入到公司内部各个重点环节。技术研发人员处在人工智能业务一线，是对技术负责的第一人，需要培养他们的伦理意识，帮助他们在人工智能业务实际中积极践行伦理要求，把伦理要求嵌入产品开发设计与运作的全流程。所以政府与企业也要对其技术人员加强伦理培训，高校则要加强人工智能伦理相关教育培训体系的搭建。

3）对运营企业产品的第三方客户进行合规告知

在人工智能技术的部署和应用过程中，会有第三方运营主体或技术主体介入，如销售楼宇园区通行系统的主体可能不是最终的运营主体，或者第三方技术开发商购买了企业的硬件或软件，集成到自己的解决方案中。为此，即便一家企业做到了合规自律，也面临被舆论质疑，品牌形象受损的风险，因为第三方合作伙伴对人工智能技术系统可能进行误用、错用或滥用。来自社会的舆论质疑可能波及为该场景提供技术的企业，即便该企业不了解第三方客户购买这些部件的具体用途。只有整个市场各方达成共识，严格遵守相关法规，才可能构建可持续发展的行业生态。为此，企业在销售产品或解决方案时，应该对合作伙伴进行合规告知，并建议其评估应用场景下的风险。同时企业也需要在合同签署阶段明确双方的权责归属。

第六节　积极参与人工智能国际治理

人工智能在中国发展得如火如荼，相关领域诞生了多家独角兽企业，并参与到国际市场的竞争中。对于这些本土企业出海而言，海外合规至关重要，特别是应遵守国外的法律规则和伦理标准，避免卷入种族歧视或宗教纷争中。

我们应积极参与各国的法律规则、指南和标准的制定，与各国加强合作，一起探索统一的国际规则，在国际规则的制定中发出中国的声音。对于人工智能技术的发展而言，国与国之间的竞争不仅体现为技术创新的竞争，而且是法律规则、伦理体系和国际标准的竞争。在国际环境日益复杂的情况下，我们需要以开放的态度融入国际治理机制中，甚至可以尝试主导建立以发展负责任的人工智能为目标的国际治理组织，倡导制定全球伦理标准，通过友好协商的方式协调各国利益冲突，促进包括人脸识别、语音识别、自动驾驶等人工智能技术的安全、健康、有序和可持续地发展。

主要参考文献

一、图书

［1］ Goldfarb A, Gans J, Agrawal A. The economics of artificial intelligence: An agenda ［M］. Chicago, IL: University of Chicago Press, 2019: 1–35.

［2］ Grin J, Grunwald A. Vision assessment: shaping technology in 21st century society: towards a repertoire for technology assessment ［M］. Berlin: Springer, 2000.

［3］ Wagner B. Ethics as an Escape from Regulation: From Ethics-Washing to Ethics-Shopping ［M］.Hildebrandt M, editor, Being Profiling. Cogitas ergo sum. Amsterdam: Amsterdam University Press, 2018: 86–90.

［4］［美］布莱恩·阿瑟. 技术的本质［M］.曹东溟，王健，译. 杭州：浙江人民出版社，2018：37.

［5］卡尔松.天涯成比邻——全球治理委员会的报告［M］.北京：中国对外翻译出版公司，1995：2.

［6］［英］罗伯特·鲍德温等编.牛津规制手册［M］.宋华琳，等译.上海：上海三联书店，2017：63–183.

二、期刊论文

［1］ Aledhari M, Razzak R, Parizi R M, et al. Federated learning: A survey on enabling technologies, protocols, and applications ［J］. IEEE Access, 2020, 8: 140699–140725.

［2］ Baram M S. Technology assessment and social control ［J］. Jurimetrics Journal, 1973, 14（2）: 79–99.

［3］ Butcher J, Beridze I. What is the state of artificial intelligence governance globally? ［J］. The RUSI Journal, 2019, 164（5–6）: 88–96.

［4］ Durant J R, Evans G A, Thomas G P. The public understanding of science ［J］. Nature, 1989, 340（6228）: 11.

［5］ Evans D S. The antitrust economics of multi-sided platform markets ［J］. Yale Journal on Regulation, 2003, 20: 325–381.

［6］ Gasser U, Almeida V A. A layered model for AI governance ［J］. IEEE Internet Computing, 2017, 21（6）: 58–62.

［7］ Guston D H. The Anticipatory Governance of Emerging Technologies ［J］. Applied Science and Convergence Technology, 2010, 19（6）: 432–441.

［8］Guston D H, Sarewitz D. Real–time technology assessment［J］. Technology in Society, 2002, 24（1）: 93–109.

［9］Kaebnick G E, Heitman E, Collins J P, et al. Precaution and governance of emerging technologies［J］. Science, 2016, 354（6313）: 710–711.

［10］Kemp L, Cihon P, Maas M M, et al. UN High–level Panel on Digital Cooperation: A Proposal for International AI Governance［J］. UN High–Level Panel on Digital Cooperation, 2019: 1–4.

［11］Kuziemski M, Misuraca G. AI governance in the public sector: Three tales from the frontiers of automated decision–making in democratic settings［J］. Telecommunications policy, 2020, 44（6）: 101976.

［12］Liu N, Shapira P, Yue X. Tracking developments in artificial intelligence research: constructing and applying a new search strategy［J］. Scientometrics, 2021, 126（4）: 3153–3192.

［13］Lukes S. Power and the Battle for Hearts and Minds［J］. Millennium, 2005, 33（3）: 477–493.

［14］Lyall C, Tait J. Beyond the Limits to Governance: new rules of engagement for the tentative governance of the life sciences［J］. Research Policy, 2019, 48（5）: 1128–1137.

［15］Michael J D. What's ELSI got to do with it? Bioethics and the Human Genome Project［J］. New Genetics & Society, 2008, 27（1）: 1–6.

［16］Owen R, Macnaghten P, Stilgoe J. Responsible research and innovation: From science in society to science for society, with society［J］. Science & Public Policy, 2012, 39（6）: 751–760.

［17］Rip A, Schot J, Misa T J. Constructive technology assessment: a new paradigm for managing technology in society［M］//Managing technology in society. The approach of constructive technology assessment. Pinter Publishers, 1995: 1–12.

［18］Sarasvathy S D. Causation and effectuation: Toward a theoretical shift from economic inevitability to entrepreneurial contingency［J］. Academy of management Review, 2001, 26（2）: 243–263.

［19］Sarewitz D. Anticipatory governance of emerging technologies［J］. The growing gap between emerging technologies and legal–ethical oversight: The pacing problem, 2011: 95–105.

［20］Townley C, Morrison E, Yeung K. Big data and personalized price discrimination in EU competition law［J］. Yearbook of European Law, 2017, 36: 683–748.

［21］Wirtz B W, Weyerer J C, Sturm B J. The dark sides of artificial intelligence: An integrated AI governance framework for public administration［J］. International Journal of Public Administration, 2020, 43（9）: 818–829.

［22］Wu W, Huang T, Gong K. Ethical principles, and governance technology development of AI in China［J］. Engineering, 2020, 6（3）: 302–309.

［23］Wynne, B. Risk and Environment as Legitimatory Discourses of Technology: Reflexivity Inside Out?［J］. Current Sociology, 2002, 50（3）: 459–477.

［24］Yu Z, Liang Z, Wu P. How data shape actor relations in artificial intelligence innovation systems: an empirical observation from China［J］. Industrial and Corporate Change, 2021, 30（1）: 251–267.

［25］Zott C, Amit R. Business model innovation: How to create value in a digital world［J］. NIM Marketing Intelligence Review, 2017, 9（1）: 18–23.

［26］曹建峰. 人工智能治理: 从科技中心主义到科技人文协作［J］. 上海师范大学学报（哲学社会科学版）, 2020, 49（05）: 98–107.

［27］陈永伟. 人工智能与经济学: 近期文献的一个综述［J］. 东北财经大学学报, 2018（03）: 6–21.

［28］陈志刚. 马克思和海德格尔的技术批判思想之比较［J］. 自然辩证法研究, 2002（02）: 28–30+60.

［29］程海东, 王以梁, 侯沐辰. 人工智能的不确定性及其治理探究［J］. 自然辩证法研究, 2020, 36（02）: 36–41.

［30］樊鹏. 利维坦遭遇独角兽: 新技术的政治影响［J］. 文化纵横, 2018（04）: 134–141.

［31］冯珏. 自动驾驶汽车致损的民事侵权责任［J］. 中国法学, 2018（06）: 109–132.

［32］高奇琦. 智能革命与国家治理现代化初探［J］. 中国社会科学, 2020（07）: 81–102 + 205–206.

［33］何哲. 人工智能技术的社会风险与治理［J］. 电子政务, 2020（09）: 2–14.

［34］贾根良. 第三次工业革命与工业智能化［J］. 中国社会科学, 2016（06）: 87–106+206.

［35］贾开. 人工智能与算法治理研究［J］. 中国行政管理, 2019（01）: 17–22.

［36］贾开, 蒋余浩. 人工智能治理的三个基本问题: 技术逻辑、风险挑战与公共政策选择［J］. 中国行政管理, 2017（10）: 40–45.

［37］姜李丹, 薛澜, 梁正. 人工智能赋能下产业创新生态系统的双重转型［J］. 科学学研究, 2022, 40（04）: 602–610.

［38］李安. 算法影响评价: 算法规制的制度创新［J］. 情报杂志, 2021, 40（03）: 146–152, 161.

［39］李利文. 人工智能时代精准治理的隐忧与风险［J］. 河海大学学报（哲学社会科学版）, 2020, 22（1）: 82–90.

［40］李连成. 交通现代化的内涵和特征［J］. 综合运输, 2016, 38（09）: 43–49.

［41］李庆峰. 人脸识别技术的法律规制: 价值、主体与抓手［J］. 人民论坛, 2020（11）: 108–109.

［42］梁正, 余振, 宋琦. 人工智能应用背景下的平台: 核心议题、转型挑战与体系构建

［J］．经济社会体制比较，2020（03）：67–75.

［43］梁正，曾雄．"大数据杀熟"的政策应对：行为定性、监管困境与治理出路［J］．科技与法律（中英文），2021（02）：8–14.

［44］林凌，贺小石．人脸识别的法律规制路径［J］．法学杂志，2020，41（07）：68–75.

［45］刘宝杰．价值敏感设计方法探析［J］．自然辩证法通讯，2015，37（02）：94–98.

［46］刘露，杨晓雷，高文．面向技术发展的人工智能弹性治理框架研究［J］．科学与社会，2021，11（02）：15–29.

［47］刘然．跨越专家与公民的边界——基于后常规科学背景下的决策模式重塑［J］．科学学研究，2019，37（09）：1537–1542+1569.

［48］刘召峰．拜物教批判理论与马克思的资本批判［J］．马克思主义研究，2012（04）：60–67+159.

［49］刘顺．资本逻辑与算法正义——对数字资本主义的批判和超越［J］．经济学家，2021（05）：17–26.

［50］刘宪权，林雨佳．人工智能时代技术风险的刑法应对［J］．华东政法大学学报，2018，21（05）：46–54.

［51］梅亮，陈劲，吴欣桐．责任式创新范式下的新兴技术创新治理解析——以人工智能为例［J］．技术经济，2018，37（01）：1–7+43.

［52］庞祯敬．"理性–制度–行动"框架下的转基因技术风险治理模式研究［J］．自然辩证法研究，2021，37（03）：28–34.

［53］邱泽奇．自动驾驶中的社会行动主体分析［J］．人民论坛·学术前沿，2021（04）：31–39.

［54］商希雪．生物特征识别信息商业应用的中国立场与制度进路：鉴于欧美法律模式的比较评价［J］．江西社会科学，2020（02）：192–203，256.

［55］石婧，常禹雨，祝梦迪．人工智能"深度伪造"的治理模式比较研究［J］．电子政务，2020（05）：69–79.

［56］苏竣，魏钰明，黄萃．基于场景生态的人工智能社会影响整合分析框架［J］．科学学与科学技术管理，2021，42（05）：3–19.

［57］孙福海，陈思宇，黄甫全，等．道德人工智能：基础、原则与设计［J］．湖南师范大学教育科学学报，2021，20（01）：38–46.

［58］谭九生，杨建武．人工智能技术的伦理风险及其协同治理［J］．中国行政管理，2019（10）：44–50.

［59］唐钧．人工智能的风险善治研究［J］．中国行政管理，2019（04）：46–52.

［60］王建文，方志伟．人工智能辅助地方立法的风险治理［J］．甘肃社会科学，2020（05）：69–75.

［61］王磊．参差赋权：人工智能技术赋权的基本形态、潜在风险与应对策略［J］．自然辩证法通讯，2021，43（02）：20–31.

［62］王利明.论个人信息权的法律保护——以个人信息权与隐私权的界分为中心［J］.现代法学，2013，35（04）：62-72.

［63］王玲玲，赵文红，魏泽龙.因果逻辑和效果逻辑对新企业新颖型商业模式设计的影响：环境不确定性的调节作用［J］.管理评论，2019，31（01）：90-100.

［64］王晓飞.智慧边缘计算：万物互联到万物赋能的桥梁［J］.人民论坛·学术前沿，2020（09）：6-17+77.王钰，程海东.人工智能技术伦理治理内在路径解析［J］.自然辩证法通讯，2019，41（08）：87-93.

［65］汪亚菲，张春莉.人工智能治理主体的责任体系构建［J］.与探索，2020（12）：83-88.

［66］邢会强.人脸识别的法律规制［J］.比较法研究，2020（05）：51-63.

［67］闫立，吴何奇.重大疫情治理中人工智能的价值属性与隐私风险——兼谈隐私保护的刑法路径［J］.南京师大学报（社会科学版），2020（02）：32-41.

［68］吴汉洪，孟剑.双边市场理论与应用述评［J］.中国人民大学学报，2014，28（02）：149-156.

［69］吴河江，涂艳国，谭轶纱.人工智能时代的教育风险及其规避［J］.现代教育技术，2020，30（04）：18-24.

［70］肖雷波，柯文.技术评估中的科林格里奇困境问题［J］.科学学研究，2012，30（12）：1789-1794.

［71］肖强，王海龙.环境影响评价公众参与的现行法制度设计评析［J］.法学杂志，2015（12）：60-70.

［72］薛澜，俞晗之.迈向公共管理范式的全球治理——基于"问题—主体—机制"框架的分析［J］.中国社会科学，2015（11）：76-91+207.

［73］薛澜，赵静.走向敏捷治理：新兴产业发展与监管模式探究［J］.中国行政管理，2019（08）：28-34.

［74］杨庚，王周生.联邦学习中的隐私保护研究进展［J］.南京邮电大学（自然科学版），2020，40（05）：204-214.

［75］颜佳华，王张华.构建协同治理体系推动人脸识别技术良性应用［J］.中国行政管理，2020（09）：155-157.

［76］杨宗元.论道德理性的基本内涵［J］.中国人民大学学报，2007（01）：85-90.

［77］余斌."数字劳动"与"数字资本"的政治经济学分析［J］.马克思主义研究，2021（05）：77-86+152.

［78］俞可平.全球治理引论［J］.马克思主义与现实，2002（01）：20-32.

［79］喻玲.算法消费者价格歧视反垄断法属性的误读及辨明［J］.法学，2020（09）：83-99.

［80］曾雄."大数据杀熟"的竞争法规制——以个性化定价的概念展开［J］.互联网天地，2019（9）：26-28.

［81］曾雄，梁正，张辉．人脸识别治理的国际经验与中国策略［J］.电子政务，2021（09）：
　　　105-116.

［82］张辉，陈海龙，刘鹏．智能时代信息通用技术创新微观动力机制分析——基于沃尔玛
　　　信息技术演化的纵向案例研究［J］.科研管理，2021，42（06）：32-40.

［83］张辉，梁正．自动驾驶"单车智能"模式的发展困境与应对［J］.齐鲁学刊，2021
　　　（06）：81-89.

［84］张敬伟，杜鑫，田志凯，李志刚．效果逻辑和因果逻辑在商业模式构建过程中如何发
　　　挥作用——基于互联网创业企业的多案例研究［J］.南开管理评论，2021，24（04）：
　　　27-40.

［85］张乐．新兴技术风险的挑战及其适应性治理［J］.上海行政学院学报，2021，22（01）：
　　　13-27.

［86］张文显．构建智能社会的法律秩序［J］.东方法学，2020（05）：4-19.

［87］张欣．算法影响评估制度的构建机理与中国方案［J］.法商研究，2021，38（02）：
　　　102-115.

［88］郑志峰．自动驾驶汽车的交通事故侵权责任［J］.法学，2018（04）：16-29.

［89］郑智航，徐昭曦．大数据时代算法歧视的法律规制与司法审查——以美国法律实践为
　　　例［J］.比较法研究，2019（04）：111-122.

［90］周辉．算法权力及其规制［J］.法制与社会发展，2019，25（06）：113-126.

三、析出文献

［1］Zhang B，Dafoe A. US public opinion on the governance of artificial intelligence［C］//
　　Proceedings of the AAAI/ACM Conference on AI, Ethics, and Society, 2020：187-193.

［2］Acemoglu D, Restrepo P. Artificial intelligence, automation, and work［M］// Goldfarb A,
　　Gans J, Agrawal A. The economics of artificial intelligence：An agenda. University of Chicago
　　Press, 2018：197-236.

［3］格里·斯托克．作为理论的治理：五个论点［C］// 俞可平．治理与善治.北京：社会
　　科学文献出版社，2000：32.

四、电子文献

［1］Cihon P. Standards for AI governance：international standards to enable global coordination
　　in AI research & development［J/OL］. Future of Humanity Institute. University of Oxford,
　　2019, 4（1）：1-41.［2020-10-01］. https：//www.fhi.ox.ac.uk/wp-content/uploads/
　　Standards_-FHI-Technical-Report.pdf.

［2］Department of Justice Office of Public Affairs, Former E-Commerce Executive Charged
　　with Price Fixing in the Antitrust Division's First Online Marketplace Prosecution［EB/
　　OL］.（2020-12-20）［2022-12-30］. https：//www.justice.gov/opa/pr/former-ecommerce-

executive-charged-price-fixing-antitrust-divisions-first-online-marketplace，Last visit on Dec 20, 2020.

［3］ European Union Agency for Fundamental Right，Facial Recognition Technology：Fundamental Rights Consideration in the Context of Law Enforcement［EB/OL］.（2021-04-05）［2021-04-05］. https：//fra.europa.eu/sites/default/files/fra_uploads/fra-2019-facial-recognition-technologyfocus-paper.pdf#：～：text=Facial%20recognition%20technology%3A%20 fundamental%20rights%20considerations%20in%20the，determine%20whether%20they%20 are%20of%20the%20same%20person.

［4］ European Union Agency for Fundamental Right，Facial Recognition Technology. White Paper on Artificial Intelligence- A European approach to excellence and trust［EB/OL］.（2020-02-19）［2021-04-05］. https：//ec.europa.eu/info/sites/info/files/commission-whitepaper-artificial-intelligence-feb2020_en.pdf.

［5］ Zhang D，Mishra S，Brynjolfsson E，et al. The AI index 2021 annual report［J/OL］. arXiv preprint arXiv：2103.06312，2021.（2021-03-09）［2021-12-30］. https：//arxiv.org/ abs/2103.06312.

［6］ 国家标准化管理委员会 . 信息安全技术远程人脸识别系统技术要求［EB/OL］.（2020-04-28）［2021-04-05］. http：//openstd.samr.gov.cn/bzgk/gb/newGbInfo?hcno=C84D5EA6A C99608C8B9EE8522050B094.